给孩子的化学三书

原来 法布尔 著

化学

CHEMICAL

可以这样学

化学奇谈

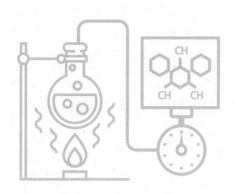

团结出版社

总　序

　　我国著名的物理学家、化学家，被誉为"稀土之父"的徐光宪先生曾说："化学是不断发明和制造对人类更有用的新物质的科学。化学科学是现代科学技术发展的重要基础学科。"

　　化学是基础性学科之一，任何科学都是在它的基础上进行的。不仅如此，它还涵盖了我们生活的全部，是一门与我们的生活、生产密切相关的自然科学。它就在我们的身边，与我们的衣、食、住、行紧密相连。学习化学，在掌握化学知识之余，更重要的是养成"化学思维"，也就是联系实际生活，养成从微观到宏观分析事物的能力，合理运用化学，将其与日常生活相结合，更深刻地探究事物本质。

　　为了从小培养孩子对化学的兴趣，帮助他们今后更好地学习化学，我们特地编辑了这套《给孩子的化学三书》。这三本书分别是法国科学家、博物学家法布尔所著，著名科普作家、翻译家顾均正翻译的《化学奇谈》；英国化学家、科普作家吉布森的《神秘的化学》；著名化学家、科普作家沈鼎三的《化学趣味》。

　　《化学奇谈》是一本内容广泛的化学科普读物，是法布尔任教时编写的诸多科普著作之一，由顾均正先生翻译。无论是著者还是译者，都可称得上是当时的"名家"。全书主要围绕保罗叔和他的侄子——爱弥儿和裘尔斯展开叙述，以故事体来写作，同时还有大量的对话，并不断地提出问题，很容易抓住孩子的阅读兴趣，间接地培养孩子独立思考的能力。同时，作者利用日常生活中的一切用具，开展各种有趣的化学实验，浅显易懂，引人入胜，让孩子产生自主学习的动力。就连叶圣陶老先生也说："《化学奇谈》虽然也是一本书，但不是叫人'读'的书，也不是叫人'记忆'的书。原著者法布尔用他的巧妙的笔把'试'字的工夫曲曲描写出来，使读者不仅具有化学的知识，并且能做化学的实验，同时又长进了"试"的能力，可用以对付别的事物。"

《神秘的化学》是英国化学家、科普作家吉布森所著。作者开篇便抛出问题，引领读者从浅学易懂之处逐步深入，并配有有趣的小故事，激发读者的好奇心，环环相扣。书中还生动地列举了"氧原子舞"和"氢原子舞"等新奇有趣的事物，帮助孩子更好地理解，加深认识，让孩子在玩的过程中，就轻松地学习了化学知识，可谓是一本妙趣横生的启蒙性化学科普读物。

《化学趣味》原名《化学初步》。化学是一门以实验为基础的学科，没有实验，化学就会变得抽象、难懂。作者从我们熟知的事物入手，将化学学习的内容大致分为"火""空气""水""地球"以及"金属元素""非金属元素"等几个方面，并将有趣、专业的实验和这几方面的知识结合起来，把难懂的化学系统、连贯地讲述清楚，是一部实验性化学科普读物。该书作者是我国著名化学家沈鼎三。他早年从事教育工作，编著有大量化学书籍，为各地大、中学校所采用。同时，还写了许多科普性文章，发表于《中学生》《新少年》等杂志。后期转而从事染料工业，首创靛蓝连续染色机。我们的五星红旗之所以鲜艳、不褪色，就是使用沈鼎三先生研制的化学性染料"旗红"。中国很多著名的染料专家都出自于沈鼎三先生的培养，他的一生是为中国化学事业发展奉献的一生。

这三本小书，创作至今已经长达半个世纪之久，涉及了化学学习中的各种问题，历经时间的检验，被一代又一代的读者所喜爱，这其中必然有它的奥妙所在。我们在整理出版过程中，尽可能的保持原著语言特色，在此基础上做了相关注释，方便读者更好地理解、掌握，对一些因时代变化已经不适宜的内容作了删减。这三本小书不仅可以帮助孩子开启化学研究之门，更重要的是让他们养成较强的动手能力和独立思考的习惯。愿孩子们爱上化学，专心致力于化学的研究，造福人类！

编者

2020年7月

序

我国把受教育称为读书，所以什么知识、什么事项都等于书，懂得它们明白它们的方法就只有读。这有历史和社会的原因，要改变过来并不是一两个教育家的事。

在学校的各项科目里，成绩比较良好的大概要推国文了，虽然有些先生叹息痛恨于"现在青年的笔下真没有办法了"。这有事实为证，学校里往往办一种刊物，刊载的是学生的作品，而杂志社的来稿柜里，也不乏学生的原稿，好不好不用说，写了许多东西出来总是真的，别项科目哪里有这么多成绩？——国文本是"读"的科目呀！

至于理科，成绩似乎很少见。教师要求于学生的，学生责备于自己的，都只是记忆书上说的那些话而已，"记忆"仍属于"读"的系统。偶然也要实验，但教师好像变戏法的，学生无异看戏法的，戏法即使十分好看，说明即使十分详细，到底弄的什么玄虚，学生还是将信将疑。实验又称试验，这个"试"字最有味。某物在某种情形中该怎样吧，要确定这个悬揣[1]，只有试令某物处于某种情形中，看它到底怎样。若结果并不与悬揣相同，要明白它的所以然，只有再试寻别的方法，看它到底怎样，以求解答。所以像看戏法

1.悬揣：凭空揣测、猜想。（编者注）

那样地看实验殊不足贵，要让学生自己悬揣，自己动手做，那"试"字的工夫才有意思。但是，实际上连看戏法也不是经常的事，理科怎么会有什么成绩？

学校中的理科虽少成绩，而青年学生欢喜自己悬揣，自己动手的性情却是天生的，他们为什么不在课外做"试"字的工夫呢？这其中原因很多，而无从取得试验的工具和材料也是一端，仪器没有，药物没有，只好束手了。如果环境容许，关于这一端不发生困难，那就不用说企图什么发明与发现，青年学生总有大半欢喜弄那理科方面的玩意儿的。

这本《化学奇谈》虽然也是一本书，但不是叫人"读"的书，也不是叫人"记忆"的书。原著者法布尔用他巧妙的笔把"试"字的工夫曲曲描写出来，使读者不仅具有化学的知识，并且能做化学的实验，同时又长进了"试"的能力，可用以对付别的事物。"化学"，这名词写在课程表里多少枯燥乏味，但在这本书里差不多是最动人的故事了。读者将这样想，"我也能像裴尔斯、爱弥儿那样做的呀"，又因实验的设备是"俯拾即是[1]"的，或者是可以自制的，读者将马上"自己动手"，照书上所说的做，更自出心裁地做。

谁仅仅"读"或者"记忆"这本书，谁就辜负了这本书。

这本书的原著成于六十年前，迄今化学上的新发现和新理论又加增了不少。译者顾先生或则改订，或则增补，使成为最新鲜的东西。这是应该特记的。

1933年9月24日

叶圣陶

1.俯拾即是：只要低下头来捡取，到处都是。形容多而易得。（编者注）

法布尔的一生

让·亨利·卡西米尔·法布尔（Jean-Henri Casimir Fabre）于1823年12月22日，生于法国南部普罗旺斯（Provence）的圣莱昂地区。因为家境贫寒，当他五六岁的时候，即被寄养在与他家相距不远的玛拉邦村种田的祖父母家里，在那边过了一两年的岁月。在这个时候，他已露出未来伟大的自然观察者的锋芒了。

一到晚间，在附近的丛林之中，有一种非常低微的声音，冲破了黄昏的静寂。那是什么声音呢？是小鸟在巢里鸣啾吗？他曾听人说过，一到这个时分，就有狼从森林中跑出来。但他并不畏惧，径自跑去探索。虽然探了许多时候，但却并没有结果。只要丛林中稍微有些声响，那声音便立即中止了。第二天、第三天，他还是跑去探索。到了最后一天，他的辛劳终究得到了回报。他把那"歌者"捉住了，那并不是鸟，是蚂蚱的一种。他爱好花卉，他以昆虫为友。但是，他的祖父母却一点都不能认识到他天才般的才能。

到了七岁，非进学校不可的他，回到了故乡圣莱昂。他所进的小学校，同时就是先生的住宅，只有一间房子，是教室，是厨房，又是食堂，同时还是寝室。广阔的楼梯是通到二楼去的，楼上是栈房，床铺就在楼梯下面。唯一的细长窗户是朝南的，只有那里是唯一光线充足的处所。他的先生，同时又是理发师，替市上有权势的人剃发；又是撞钟人，因此孩子们常为了结婚仪式和洗礼仪式放假；又是合唱队的指挥者，在会堂上大声呼喊；替某地主管理财产；一看到太阳出来就爬上塔去拨开村中的时钟，也是他那位先生的职务。此外，他又肩负那建着四个塔的城市的守护者工作。工作这样繁忙的先生，献给学生的时间，不消说是很少的，孩子们几乎完全是以游戏消磨时光的。他们故意把唯一的门开了，将食物分给那些跑进来的鸡和猪，以为游乐。扩张他眼界的，只是他父亲偶然买来的动物画。但他却怀恋着这个时代，对于先生和学校颇表好感。

因为家境清贫，为糊口计，家里不得不养鸭以补收入的不足。这个职务，他的父亲委法给了法布尔。孵化出来的24只小鸭，经过了两星期，在水盆里已将就不得了。在他家相距不远的地方，有一个小池。他虽想穿那贮藏着的能在星期日和祭日而穿的鞋子，但因不得家人的许可，只能赤着脚，踏着石子路急忙地跑到池边去。小鸭疲乏地曳着蹼，屡次在树荫下歇足，好容易才到了池边。回来的时候，法布尔的衣袋，因藏了各种各样的小石而凸出着。父亲一看到此，便怒吼起来："这个饿鬼又把那种东西放进袋里去了！快点把它丢了！"他的母亲只为了衣服的损害而叹息："唉，把那样的东西藏在袋里，那真是怎样不体谅父母艰苦的孩子啊！难道有谁对你念咒语吗？"

当他十岁的时候，他的一家移至罗德斯（Rode）去了。他进了罗德斯的中学。他做了学校的礼拜堂的小使，得以免缴学费。他在学校里年龄最小，又很害羞，好容易才完成了他的职务。但在作文和翻译上，他的成绩非常优良，因之颇受优待。在学校里，他喜欢研究古典，但自然也是他所不能忘怀的。在这个时候，人生问题——尤其是死的问题，已在他的脑中盘旋着了。幼时只要看了伤口的鲜血就会气绝的他，有一天却受了好奇心的驱使，跑到屠杀场去，把削铅笔的小刀，对着牛的咽喉刺去，牛便如被电光所击似的倒了。他看了这个光景，就飞一般地跑出了屠场，好像恐被怪物抓住似的。

　　不久，他的家庭便迁到托尔斯去了，他的父亲在那里开了一爿[1]饭馆，然而终归失败，又移居于贝利市。那时他已不得不自谋生计了。他就在市场和兵营的附近叫卖柠檬，也曾加入在铁路工人的队伍中。幸而在亚威农（Avignon）师范学校的免费生考试上，他因成绩优良而被录取了。他在这个学校里，对于博物[2]之类是一点也不注意的。第二学年的上学期，他受到了怠惰不好学，头脑不清的评判。为恢复名誉起见，他得到了在下学期复习那学期的功课以及学习第三学年一切学科的许可。于是，他专心致志地用功。因此，他比别的学生早一年毕业。那是他十八岁的时候。

　　数月后，他就做了卡尔班托拉某中学附属小学的教师。他作为教育家的热诚和才能，使学生的人数渐渐增加起来。学生分为两组，他甚至雇请了一位助教。他只靠着书本领悟了氧的实验，在学生面前，做了有生以来第一次的化学实验。这个实验的成功，顿时使他的名声增高了。他又带了学生到外边去测量，一面教以几何学。他对于自然的兴趣，依然不曾消失。他费了一个月的薪给[3]，把卡斯忒诺、布隆沙和刘卡司所著的昆虫学书买来读。当他读到第一百次的时候，内心向他这样低语了："你也应该是他们队中的一人啊！"要是他只顾自己的趣味做去，那么，除了教导学生的时间以外，将全部献给动物界吧！可是他很想做一个中学教员。因此他决定研究数学和理化，因为博物学还不曾被排在中学校的课程里面。学成以前，他不得不抛弃了对于博物的研究，这在他是难堪的苦痛，是他的出于不得已的牺牲。

　　他在学校里所学得的一点数学知识是极有限的。对于代数，他只是听到过它们的名称而已。然而不可思议的机缘，使他学习了代数。有一天，一个和他同年的青年来访，请他教授代数。他经过了长时间的考虑以后，叫那青

1.爿：量词，指商店、田地、工厂等。（编者注）
2.博物：旧时对动物、植物、矿物、生理等学科的总称。（编者注）
3.薪给：薪金。（编者注）

年后天五点钟来。第二天是木曜日[1]，数学教师是不到学校里来的。法布尔那时住在学校的教员宿舍。那位教师的研究室，也正设在那边。那研究室的钥匙，和他房间的钥匙是一样的。正如他所预期的，在那位教师的房间中，果然摆着厚厚的代数学书籍。他很惶恐地拿了书，急忙回到自己的房间里，他把书翻开一半来看，是牛顿（Newton）的二项式定理的一章，那是容易理解的。他忘记了时间，一心耽读[2]着。于是预备好了，他悄悄地把书放在原处。第二天，青年来了，青年受了他伶俐的指导，满意而归。此后，他仍继续加以指导青年。这是法布尔二十岁的时候。

在他所住的宿舍里，有一个因想得数学的学位而用功的退伍军人。他和这个男子一同对于数学用了十五个月的功，同赴曼皮列应试，结果两人都得到了数学学士的学位。那个退伍军人有了这个学位，已经心满意足，而且也再不能上去了，因此抛弃了对于硕士学位的野心。法布尔独自继续加以研究，遂获得了数学硕士的学位。这时他已和一位小学教员结婚，同时做了科西嘉（Corsica）岛的阿耶佐（Ajaccio）中学的理化教员。

科西嘉的自然界，诱惑了这一位命定须成为生物学者的数学家。他抵不住那诱惑，把他的余暇分成两部分。为打通大学教授的路，把一半献给数学。还有一半，则献给自己所爱好的植物采集和海中的生物的研究。法布尔在阿耶佐认识了植物学者鲁基安，又由鲁基安得识士鲁斯大学的教授摩庚·丹唐。丹唐劝法布尔专心做博物的研究，法布尔遂决心把数学抛弃了。他因被科西嘉有名的蝮蛇所咬，患了热症，乃离开科西嘉，转任亚威农的中学教师。这是1852年的事情，那时法布尔还不满二十七岁。他和年青的学生保持着亲密的关系，同把休息日的时间消磨在他的博物的研究上。当他在清早坐在谷间的岩石上探视土蜂（Sphex）时，有三个摘葡萄的姑娘从那里经过。到了傍晚，看他仍然坐在那岩石上，曾低声地互相私语，呼他为"可怜的

1.木曜日：七曜日的第五日，即星期四。（编者注）
2.耽读：谓极好读书。（编者注）

白痴",划着十字走了。

给他的昆虫研究以新启示,是当时昆虫学的耆宿杜甫尔。使他知道在给昆虫以冗长的拉丁文名称并加以分类外,尚有应该深加探究的东西,正是这位杜甫尔先生。他发表了为杜甫尔的研究补遗的同时,比他更进一步的研究,而为学术界所认识。并且杜甫尔本人,也对他加以热心地赞赏。法布尔说:"如今追忆当时,我的老眼便满含着幸福之泪了。"

法布尔最大的挚友和恩人,是教育部长德留依。当德留依到亚威农来视察学校的时候,他的训示使法布尔异常感动。但法布尔和德留依直接的交际,是两年后才开始的。以教育部长闻名当时的德留依,有一天来访法布尔的简陋的实验室了。意外的大官访问,使法布尔非常狼狈。那时他的手正被茜素染料染成了红色。德留依由法布尔在学术杂志上所发表的研究,认识了这位科学家、文学家的天才,他们坦然地谈起话来。德留依提议把他的实验室改造得壮丽些,但法布尔却拒绝了他,他引得德留依笑了:"有许多人都向我提出种种的要求,而你却拒绝我的提议,你真是一位奇人哩!"德留依因为想和他多谈几句天,便请他同到停车场去,一面走着,一面谈话。那时已有许多师团长、知县及其他达官贵人,到车站为德留依送行来了。他们看到德留依对于这卑微的法布尔非常敬爱,不觉为之惊异不置[3]。六个月以后,他接到了德留依的信,叫他赶快到巴黎去。德留依把法国学者认为最大荣誉的"自旺·得努尔勋章"授给他。第二天,他和许多有名的学者同去朝见国王,法布尔和国王谈了五分钟,这是稀有的荣誉。不惯于这种座席的他,曾和国王、贵族同饮着香槟酒。在教育部长所邀请的宴席上,他被指定坐在部长的右边。但京都究竟非他的休息之地,第二天他就奔回去了。

1858年,土鲁斯大学的教授给了他自然科学的硕士学位。他又得到理学博士的学位。他虽不时地怀着想做大学教授的希望,可是那希望终于不得

3.惊异不置:置,理会。意思是因异常惊讶而无法理会。(编者注)

不抛弃了。

德留依为着女子教育，创设了自由讲座。这时，法布尔在亚威农的圣·迈尔修僧院里，为女子设了自然科学讲座。这位天才的教育家的魔力，渐渐地使听讲的人数增加起来了。这个讲座的声名一天高似一天，但同时却起了猛烈的反对运动。把向姑娘们教以生物学之类认为异端的僧侣及其他怀怨法布尔的人们，企图着种种阴谋，甚至煽动他的房东，令他在四星期以内出屋。赤贫如洗的他，因困于迁移费，当时曾暂住在亚威农，向他那位亲密的友人——即有名的英国经济学者穆勒（J.S Mill）借了一点款子，迁居于奥伦治（Orange）。这是1871年的事情。那时他已是五个孩子的父亲了。他脱离了教育界以后，便不得不靠笔糊口了，他著了许多教科书，仍然度着贫困的生活。但如能专心致志地做自然的研究，那便是他的无上的喜悦。他的几个孩子也是他的同劳者，他的发现和研究上所不可缺的助手。他最爱的儿子裘尔斯，虽是可以承继他的事业的伶俐的孩子，却在1877年患病死了。那时法布尔的悲痛，真是不可以用言语形容！他1878年出版的《昆虫记》（Souvenirs Entomologiques）第一卷，便是献给他的亡儿的。在1883年出版的第二卷中，他也写着这样悲怆伤感的文字："在昆虫的研究上，我热心的同劳者，植物研究上的聪明助手，我的爱子裘尔斯啊，我之着手写这一卷，全是为了你的缘故。我为了纪念你，把它继续写下去。虽在极度的悲痛之中，我也当把它续做下去罢。摧折鲜艳的盛极一时的花儿的死神，真是何等可恶呀！你的母亲，你的姊妹们，用了从你所心爱的花坛中采集来的花束，来装饰你的坟墓。除在日光中萎谢下去的花束以外，我更把这本我愿它有不朽的生命的书献给你。我们的共同研究，将因了它而永远继续下去吧——因为抱着在彼岸的再醒的坚固信仰。"

1879年，他离开了奥伦治，搬到他的久居之地赛利农（Serignon）去了。因为这个隐退，他渐渐地被世人忘却了。可是他的伟大的昆虫的研究，是从这个时候开始的。他的《昆虫记》，渐次地出版。移住赛利农后，他的夫人死了。已达到了六十以上的高龄的他，娶了一位继室。第二个夫人生了三个孩子。他所做的许多教科书，起初销路很好，差不多每年有一万六千法郎的收入。但到了1894年左右，便卖不出去了，这是时代的变化之故。那个时代反宗教的倾向，和这位虔敬的自然学者所著的教科书是不相容的。那些反宗教的倾向非常强烈的督学官，对于他的教科书加以冷视。甚至《昆虫记》也因著者不甚为世所知之故，所得的收入真是微薄得很，他渐渐地贫困了。比当时有名的田园诗人法布尔更年青的米斯特拿尔（Mistral）第一次访问法布尔，是在1908年。米斯特拿尔从当时的法布尔的书简中，知道了他的穷困，曾托知事劝动了政府，给他一千法郎，而且还说服了波库卢慈的县议会与以五百法郎的年金。1910年4月3日，法布尔的几多友人，因不堪于这位谦逊的、坎坷不遇的伟大的自然学者长此埋没，在赛利农的他的家里，为他举行庆祝典礼。当时政府的代表，国内和国外的科学会的代表以及他的赞美者，都前往参加，诚心地替他庆祝。当朗诵文豪罗曼·罗兰（Romain Rolland）和罗斯丹（Rostand）等充满了爱和尊敬的祝词时，法布尔于感激之余，不觉哭起来了，其余的人也都哭了。过了没有多少时候，法国学士院把最大的赏金送给他，推举他为诺贝尔奖奖金的候补者。从此他的声名顿时增高起来，而且生活也丰裕了。然而他在肉体上已经衰老了！1912年，他的愉快而且忠实的夫人离他长逝。第二年，他的亲爱的弟弟也死了。这些事件，在他都是非常大的打击，而最使他感到痛苦的，则为欧洲大战的爆发。在此我们值得记忆的，是1913年大总统濮因开莱访问法布尔。1915年的夏天，他的衰弱更显著了。是年10月11日午后六时，这位伟大的科学家就把他的灵魂交给神祇了。

钟子岩

目录

第一章　楔子

保罗叔是一个极有学问的人，他隐居在乡间，日以浇花灌菜为事。他的两个侄子和他同住，一个叫爱弥儿，一个叫裘尔斯，都是极热心于学问的孩子。裘尔斯年纪较长，他甚至感觉自己对于文法和算学有了相当的门径，以后钻研学问竟可不必再进学校，因为从学校里得来的知识是极有限的。叔父也竭力鼓励着他们的求知心，他老是说 在我们生命的战争中，最好的武器是一种受训练的智力。

近几天来，叔父心里常常盘旋着一种计划，他想教他的侄子学习初步的化学，因为他认定化学是在实际应用上最有成效的一种科学。

他自己问："这些孩子将来成为何等样的人？他们将要做制造家、匠人、机械家、农夫，还是别的什么，我原不能预知。但无论如何，有一桩事是可以确定的，就是他们无论做什么事，最好能够把他们所做成的东西，原原本本地陈述出它的所以然来。换句话说就是，他们必定要有一点科学知识。我要我的侄子知道空气是什么，水是什么；我们为什么要呼吸，柴薪何以会燃烧；何者为植物生命中的主要营养元素，何者为土壤的成分。这些基础的真理都是与农业、工业、卫生等有着极大的关系的。我不要他们人云亦云地学得一些模糊的零碎知识，我要他们完全从自己的观察与经验中知道这些事情。在这里书籍并没有多大的用处，它至多只能作为科学实验上的一种补助品罢了。但是，我们将怎样去观察与实验呢？"

因此，保罗叔熟思着他的计划，但这计划有着极大的困难，那就是没有一个实验室和一副精巧的化学器械。现在他们手头所有的只是一些普通的家用物品，如瓶、瓮、壶、罐、盆、碟、盅、杯之类。骤然看去，这些似乎必不能做任何严密的化学实验。固然，他们的住所离市镇不远。迫不得已的场合，他们还可以在最低的经济限度以内，去买一些必要的药品和器械。然而怎样可以从这些简单的应用品中教授有用的化学知识，根本上还是一个问题。

有一天，保罗叔终于对他的侄子们说，他要指导他们去做一种小游戏，以减少他们正当功课的单调无味。他没有说起"化学"这个名词，因为即使说出来，他们也不能懂得。他只说了些他指示给他们看的各种有趣味的东西，和他预备要做的各种奇怪的实验。活泼和好奇是一切儿童的天性，爱弥儿和裘尔斯听了他的话，都觉得非常快活。

他们问："我们什么时候实行呢？是明天还是今天？"

叔父说："今天，立刻就做，且让我有五分钟的预备。"

第二章　混合与化合

　　这事不久就实行了，保罗叔先跑到邻近的锁匠家里，从他的工作台上掇了一些东西，用纸包好，然后又跑到药铺里买了几分钱的药品，把它包在一张旧报纸里拿回家来。

　　他解开一个纸包来问孩子们说："这是什么？"

　　爱弥儿说："这是一种黄色的粉末，你把它在手指间捻起来，有一种极轻微的声音。我想这一定是硫黄。"

　　裘尔斯说："不错，这一定是硫黄，我们可以实验。"

　　他说着，就跑到厨房里去拿一块烧红的炭来，把黄色粉末撒一些在上面，就见它发蓝焰而燃烧，同时放出一种像硫黄火柴般的使人窒息的臭气。

　　裘尔斯得意地说："这总可证明了，燃烧时发蓝焰，并且放出使你咳呛的臭气的只有硫黄。"

　　叔父说："是的。这是研细了的硫黄粉末，称为硫黄华。现在你们且看这是什么？"

　　他解开另一个纸包，就露出了里面的金属粉末——从它闪光的颗粒看来，一望而知是一种金属的粉末。

爱弥儿说:"这东西极像铁屑。"

裘尔斯说:"岂止像铁屑,简直就是铁屑。保罗叔,你大概是从锁匠那里拿来的吧。"

保罗叔插口道:"裘尔斯,你猜是猜对了,不过我却不要你下这种草率的判断。我们无论研究哪一个问题,在未下判断之先,总得加以精细的考察,否则所下的判断一定错的多,对的少。你说这种金属颗粒是铁屑,这是没有理由的,因为铅屑、锡屑、银屑、铁屑等的外观差不多相同,都作银灰色,都能闪闪发光。你确定那黄色的粉末是硫黄,已由你把它放在炽炭上而证明了。但是你们现在能够找出一个证据,证明这些确是铁屑吗?"

两个孩子你望我,我望你,始终想不出一点头绪,最后保罗叔父就给他们一个提示。

他说:"你们每天玩着的那块马蹄形磁铁呢?想想看,这磁铁能不能解决你们的问题?我常常看见你们用磁铁来吸钉子,吸缝针。但是它能不能吸铅?"

裘尔斯说:"不能吸,它能够吸一把重的刀子,但是对于铅,连一小块都吸不起来。"

"它能够吸锡吗?"

"也不能吸。"

"对于银和铜呢?"

"也不能。噢,我想起来了。磁铁只能吸铁。这就是我们所想的试验。好,让我试试看。"他便两步并为一步,急忙忙奔到楼上,从堆着玩具和书籍的架子上拿了磁铁,又急忙忙跑下楼来。他把磁铁移近金属粉末,就见磁铁两端各挂着一串发光的须样的东西。

他叫道:"看啊,这些东西统统被吸了起来哩!我现在可以确定它是铁屑了。"

叔父同意道："是的，这些的确是铁屑，是我从锁匠的作台上取来的。现在，我们既然确定了这两样东西是硫黄和铁屑，我们就要进一步，从事于化学的研究了。你们留心地看着罢。"

说着，他把这两包东西一同倒在一张大纸上，然后把它们搅和。

他说："你们看，这纸上放着的是什么东西？"

裘尔斯说："那是极容易回答的，这是硫黄和铁屑的混合物。"

"是的，这是一种混合物。现在你们还能把它们从这混合物中辨认出来吗？"

爱弥儿检视纸上的东西说："容易极了。你看这是一些硫黄，因为它们的颜色是黄的，这是一些铁屑，因为它们带着闪光的颜色。"

"你们能够把它们一一鉴别出来吗？"

"只要费一点心，为什么不能？我有锐敏的眼光，我可以用一根针，把硫黄剔在这一边，把铁屑剔在那一边。只是这事太麻烦，恐怕我没有这样的耐性。"

"是的，要把它们完全鉴别，是一件不很容易的事，你无论有怎样的耐性，也一定干不了。然而它们可以分开来，却是千真万确的。不过，好像在这一个小堆上，既不见硫黄的黄色，也不见铁屑的银灰色，而是黄与银灰互相结合的灰黄色。如果你没有过人的眼力和熟练的手指，简直没有方法可以把它们分开。但是我知道还有别的可以把它们分开的方法，我看你们两个谁能想出来？"

裘尔斯说，"我想出了"，他一面说，一面把磁铁的两端（或称两极）在混合物的上面往来移动。

爱弥儿说："再等一会儿，我也会想出来。方才叔父已经提起过磁铁，所以想起来非常容易。"

叔父道:"能够想出一个难问题总是好的,能够立刻想出来,那是更好了。然而你不用急,你不久就可再和裘尔斯争个高下。现在我们且看他的方法究竟灵不灵。"

裘尔斯继续把磁铁在铁屑和硫黄的混合物间移动,结果,那些金属颗粒被磁铁的两极所吸引,都像刺毛般地丛集[1]在上面,把硫黄撒在一旁。

裘尔斯得意地说:"灵极了!若是这样一次次继续地吸着,不到十分钟,就可完全把它们分开了。"

叔父说:"好了,不要吸了。你的方法很不错,既简便又有效。现在且让我们仍旧把那些铁屑掺和在硫黄里。你们用磁铁来分开这两种物质,虽很便利,然而磁铁并不是每一个人随手可得的东西。你们能否另外想出一个分开的方法,不需用磁铁的?这是一个极好的方法,不需用什么特别的器械。你们且想想看,你们知道铁和硫黄,哪一种物质比较重些?"

两个少年化学家同声回答道:"铁重。"

"假使我们把铁放到水里,它便怎样?"

"它便沉在水底。"

"硫黄呢?它该怎样?我说的是硫黄粉末,即硫黄华,并不是块状硫黄,因为块状硫黄也会沉在水底。"

爱弥儿恐怕他的哥哥又占了先,便抢着说:"我知道!我知道!如果我们把这混合物一股脑儿倒入水中,那铁屑就会沉下去,但是那硫黄——唔——那硫黄——"

叔父见裘尔斯像要插口的样子,便阻止他说:"快,裘尔斯!让你的弟弟说罢。"

爱弥儿红了脸重复着说:"那硫黄会浮在水面上,它也许会沉在水底,不过不像那很重的铁屑那么,快。"

1.丛集:聚集,汇集。(编者注)

叔父嘉许地说，"爱弥儿，我不是说，你不久就可和裘尔斯争个高下吗？现在果真应验了。你的见解很不错，你说话之所以这样吞吞吐吐，是因为你对于硫黄的状态还不十分确定。现在我且来实验给你看。"

于是保罗叔斟了一大杯的水，抓起一把混合物来放在水里，同时用木条子把水溶液搅动。等到杯中的水起了一种迅速的运动后，他便停下来，静候结果。不久，铁屑因量重而下沉水底，那些硫黄华却还不停地在水当中兜圈子。然后他把含有硫黄的水溶液倒在另一只杯子里，待静置后，只见它依旧悬浮（即半沉半浮）在水中。因此，在这时候，铁屑与硫黄已被分开了。铁屑在第一只杯子里，硫黄在第二只杯子里。

保罗叔说："你们看，这方法的成绩和用磁铁的一样，而所需的用具却更简单。我们此后要做的，也都是这种不用特别用具，就能得到完美结果的实验。好，你们现在已经明白，照上面的方法，我们很容易把这两种混合着的物质完全分离开，不过此刻我们用不着分，所以不去分了。把我们方才所学得的撮要[1]说来就是，由两种或两种以上的不同物质合成了一种混合物，它们的结合是可以用各种简单的方法分开。放在你们面前的一堆是硫黄和铁的混合物，它们可以用磁铁，用水，或费一点时间和耐性，一粒粒地用手来分开来。现在我们要更进一步，做另一种实验了。"

说着，他把铁屑和硫黄的混合物放在一只面盆里，加了一点水，用手指把它们搅成膏状。然后他寻出一个无色广口的旧玻璃瓶来，把膏状物放入瓶中，就将这瓶子放在太阳下，使它得到一点热力。因为那时正值酷暑的夏天，所以据保罗叔的预料，这结果一定是很快的。

他说："现在你们留心着，会有稀奇的事情来了。"

两个孩子一眼不眨地凝神注视，热切地想做成功他们在化学上的最初的实验。这瓶子里将变出什么花样来呢？他们等不上一刻钟的工夫，只见里

1.撮要：摘取要点。（编者注）

边本来是灰黄色的东西渐渐转黑，终至像煤烟一般，同时一缕缕的水蒸气，伴着"嗤嗤"的声音，从瓶口喷出，并且有少量的黑色物质，像被一种爆发力所作用而投射出来。

叔父说："裘尔斯，你拿一拿这瓶子看，可千万不要放手呢！"

裘尔斯莫名其妙地跑过去把瓶子捏在手里。

他突然惊叫道："哎呀！烫得很！烫得很！"险些儿把瓶子都摔掉。他立刻把瓶子放在一地上，转身对着叔父，像误触着热铁似的拂了拂手。接着他说："叔父，这怎么会这么烫呢？烫得简直连一两秒钟都捏不住。要是这瓶子曾经放在火上烧过，那么，它的烫是可以想得到的。然而现在这瓶子并不曾放在火上加热，而它会自己烫起来，这谁能想得到呢？"

爱弥儿听了这番话，也要自己去试试，他先用指尖触了触，然后勇敢地把它捏在手里，但是他一捏到手里，也像裘尔斯一样立刻放下了。从他的面孔来看，他对于这无缘无故的发热，也表示无限的惊奇与迷惑。

他想："这混合物中只和了一些水，水不能作为燃料，所以不见得会发热，至于太阳虽然很热，但无论如何总不会烫得连手都捏不住。这个道理，我真不明白。"

我的亲爱的读者，你得记好，保罗叔的化学实验将给你看到许多不可思议的事。凡是研究化学的人都仿佛置身于一个新的世界中，张开眼睛所看见的，统是奇怪的事物。但是你心里不要太慌乱，你得仔细地观察，把所见的事物都记在心里，对于这些事物，你现在虽然觉得奇幻莫测，但到将来，你总会渐渐明白的。

当下保罗叔撮要地说："现在我们已经知道，这瓶子里的东西显然会自己发热，而且这热度很高，甚至使你有烫痛的感觉。至于我们所见到的其他的现象，只能认作发热的结果。我用来搅和这混合物的水已经变成了水蒸气，所以有白色的水雾从瓶口逸出。伴着这汽化的水分，又有'嗤嗤'的声音，轻微的爆发和固体物质的射出。要是我方才有更多的铁屑和硫黄,要是我的混合物不只一两把,而有一公斗[1]以上。那么,我这实验的结果,一定还要使你们吃惊。现在我要把一个更奇妙、更有趣的实验告诉你们。

"将适量铁屑和硫黄的混合物,放在一个巨大的地洞里,浇以清水,上堆湿润的泥土,筑成一个小丘的形状。这小丘当爆发时,可以和火山一样,在小丘四周的地面会起震动,堆着的泥土会裂开许多隙缝,从这隙缝中会喷射出缕缕的水蒸气,伴着来的是'嘶嘶'的声音,猛裂的爆发,甚至有飞跃的火焰。这东西称为人造火山,但是我在这里得补充说一句,真的火山,其起因和作用完全和这个不同,不过二者的详细区别,此刻是用不着说明的。至于这人造火山,你们在空暇的时候,很可以用少量的铁屑和等量的硫黄,自己去做一个来玩。你们所筑的小丘无论怎样小,总可以引起许多的有趣现象,它至少会裂开几条隙缝,射出些热腾腾的水蒸气来。"

爱弥儿和裘尔斯听了,就决定要尽取锁匠的铁屑,再买几分钱的硫黄华,待一有空暇,就用来做人造火山的实验。当他们正在讨论这个计划时,那瓶子里的作用已渐渐地减弱了,并且温度骤降,用手摸着也不觉得怎样的热。保罗叔拿起瓶子,把瓶子里的东西倒在一张纸上,只见那东西是像煤烟样的一种深黑色的粉末。

他说:"现在你们仔细看一看,看你们还能不能鉴别出那硫黄来,找不到多量的,小小的一粒也行。"

两个孩子用了一根针,仔细地检查那黑色物质,可是寻来寻去总指不出哪一粒是硫黄。

他们说:"那些硫黄到什么地方去了呢?无论如何,它总在这一堆里,因为我们亲眼看见它被放进瓶子里去的。而且在实验的时候,它也没有遗失掉,因为它没有跑出瓶子来,跑出瓶子来的只是一些水蒸气。它一定在这

1.公斗:量词,计算容量的单位。公制一公斗等于十公升,也称为"斗"。(编者注)

里，不过我们连一点也找不到，不知是什么道理。"

裴尔斯道："我们找不到它，也许因为它已经变成了黑色的缘故吧！现在我们可以用火来试试看，我想这一定能够解决这个问题。"

裴尔斯自信已经探案出这个秘密，便跑到厨房里拿了一些炽炭，把一撮黑色粉末撒在上面。但是他等了好一会儿，把炭吹得赤红，却始终不见起燃烧作用，也始终不见有蓝色的硫黄火焰发生，接着他再撒了好几把黑色粉末，结果却还是和以前一样。于是他失望了。

他大声道："真是莫名其妙！那些硫黄明明都在这黑色粉末里，却不能够叫它燃烧起来。"

爱弥儿说："而且连那铁屑也不见了。在这黑色粉末中就只有黑色粉末，毫无闪光的铁的痕迹。让我们用磁铁来试试看，看能不能把铁屑分离出来。"

说着，他就拿起磁铁来在黑色粉末上面往来移动，但是结果却和炽炭一样地不发生效力。在磁铁的两极，不再连缀着像刺毛般的金属颗粒。

爱弥儿耐着性子移了好一会儿，终于失望地说："真奇怪！方才我们的确看见那里有许多铁屑，不知道为什么此刻连一粒也没有了。要不是我方才亲眼看见它被放进去，我一定要说其中并没有铁屑哩。"

裴尔斯同意地说："可不是吗？要不是我方才看见这东西是用硫黄和铁屑来拌成的，我一定要说其中并没有硫黄哩。然而明明有两种物质，现在却似乎变得形影全无了。明明是用硫黄和铁屑来拌成的东西，现在却找不到一点硫黄，找不到一点铁屑了。这真是不可思议的事。"

保罗叔让他们自己去讨论，因为他以为从个人观察得来的意见，比从别人那里采取来的意见更加有用。观察即是学习。但是到了最后，两个孩子实在想不出方法来鉴别硫黄和铁屑了，于是他就从旁加以指导。

他说："现在，你们还想把这两种物质一粒粒分开吗？"

他们答道："我们分不开，我们找不出其中有一点硫黄或铁屑的痕迹。"

"用磁铁来试呢？"

"磁铁也没有用，它一点都吸不起来。"

"那么，用水来试试看。"

裴尔斯道："恐怕也不中用吧，因为这些粉末似乎只是一种东西，没有轻重的分别。但是让我们试试也好。"

说着，他拿起一把黑色粉末来放在一杯清水里，搅和之后，黑色粉末一齐沉在杯底，毫无分离的趋向。

保罗叔道："这样看来，用从前的鉴别方法已不能把它们分开来了。而且，那东西的外观和性质也完全改变，如果你们先前不知道它们是用什么东西合成的，你们一定不会想到其中有那两种物质存在。"

孩子们说："是啊，谁能想得出这东西是用铁和硫黄来合成的呢？"

叔父接着道："我方才说过，这东西的外观已经改变了。硫黄本来是黄色的，铁本来是银灰色的，然而这两种物质结合了以后，黄色也没有，银灰色也没有，却变成了深黑色。同样，它们的性质也改变了，硫黄本来容易燃烧，燃烧时发蓝色的火焰，放出使人窒息的臭气，但是这黑色粉末却不能燃烧。铁本来能被磁铁所吸引，但是这黑色粉末却不被吸引，所以我们可以断定这种粉末，既不是硫黄，也不是铁，而是另外一种性质截然不同的物质。这种物质称为硫黄和铁的混合物吗？不是的，因为我们不能用任何简单的方法鉴别出它的两种成分来，而且它的性质也完全和先前的两种物质不同。像这样的一种结合，比我们知道的所谓'混合'尤其来得密切，这在化学上称为'化合'。混合让它的成分保留着原有的性质，化合却使它的成分失去原有的性质，而代以他种新的性质。几种物质混合后，我们往往能够用简单的鉴别方法把它们分离开来。但是几种物质化合后，却决不能用这种方法把它们分离开来了。因此我们可以说，两种或两种以上的物质化合后，就不能再用鉴别的方法把它们分离开来。换言之就是，它们的特有的性质已经消失，而代以一种新的性质了。

"你们还得注意，由于化合所产生的新性质，并不是从化合的物质的本性中得来的。在以前没有研究过这种奇事的人，谁能想到黄色的易燃的硫黄，会成为黑色的不可燃的粉末呢？谁能想到有金属光泽的对磁铁有很灵敏的磁性感应的铁，可以成为深黑色的毫无磁性感应的物质呢？对于这种事情若不预先有一点知识，简直是不能判定的。你们以后将时常看见，化合会使物质起很本质的改变，把白的变成黑的，黑的变成白的；把甜的变成苦的，苦的变成甜的；把无毒的变成剧毒的，剧毒的变成完全无毒的。以后逢着两种或两种以上的物质化合时，你们好好地注意它们的结果吧！

"此外更有一点，须特别注意。在化合作用进行时，例如，我们的硫黄和铁屑的混合物，会自己发出高度的热，甚至于连手也碰不得。我想裘尔斯因这种意外的高热所引起的惊奇，一定会永远记着的。对于这点，我得告诉你们，像这样的增温，在化合作用中并不是例外，并不是硫黄和铁的化合中的特殊情形。每逢两种或两种以上的物质时，总要发热，不过所发的热有高低的不同。有时发热极微，须用最精密的器械才能侦察出来；有时这一种情形最多发着高热，手触觉烫；有时则竟至赤热或白热，可以用眼睛看见。总之，凡起化合之处，多少总发一点热。反过来说，凡是发热或发光，差不多常常表示那里正在起化学作用（化学反应）。"

裘尔斯插口道："保罗叔，我要问你一句话。炉中烧煤，是不是那里有不同的物质在起化合作用？"

"当然是的。"

"那么，其中的一种物质一定是煤了？"

"是的，一种是煤。"

"还有一种呢？"

"还有一种包含在空气中。这是一种看不见的东西，但实际上的确有这一种东西存在着，关于这种东西，我们且待将来有适当的机会时再讲。"

"在灶中发光、发热而燃烧着的薪柴呢？"

"那里也在起化学作用，一种物质是柴薪，另外一种物质也包含在空气中。"

"照亮用的油灯和蜡烛呢？"

"那里也有化学作用。"

"那么，我们每次点一个火，就每次促起一种化学作用吗？"

"对啊，你使两种不同的物质发生了化学反应。"

"这个化学作用真有趣！"

"不但有趣，而且又非常有用。就因为它有用，我才把它怎样使物质发生奇异的变化的情形讲给你们听。"

"你好不好把这些奇异的事情统统告诉我们？"

"只要你们肯用心，我当尽我所知，把这些都讲给你们听。"

"喔，这个你不用就担心。我们不会忽略一个字，而且统统牢记在心里。与其要我学长的除法和动词的活用，我宁可学这种功课。爱弥儿，你说是不是？"

爱弥儿咬实地说："可不是吗！我愿意整天学这种功课，每天学这种功课。我总有一次要抛开那文法功课，去做一个人造火山来玩。"

叔父劝他们说："如果你们要我讲化学，就不要为了你们对于化学的高兴，而忽略了文法。化学固然有用，但是语言的用处也不小！动词的活用虽然似乎很难，但是你们切不可忽略了它。现在我们再来谈谈化合作用这个题目吧！"

"如前所说，化学作用常常伴着热或光，爆发、炸裂、光芒的射出、火花的飞迸。总之，凡是爆竹一类东西所展示的一切现象等，都是两种物质发生化学反应时常有的事。在这样地化合时，那两种物质都结合得非常密切，我们可以说，它们结了婚。热和光是祝贺它们婚礼的爆竹和灯彩。你们不要笑我这种比喻，这比喻实在是很确切的。化合作用真像结婚一样，它把两个并成了一个。"

"现在我不得不告诉你们，硫黄和铁结婚后所变成的是什么东西。我们不能称它为硫黄，因为它不复是硫黄。我们也不能称它为铁，因为它不复是铁了。我们同样也不能称它为硫黄和铁的混合物，因为它起初虽然是混合物，但后来已不复是混合物了。这东西在化学上称为硫化亚铁，从这一个名词，使我们想起这两种物质是受了化学婚姻的约束而结合起来的。"

第三章 一片面包

　　孩子们做过了人造火山的实验，结果很满意，那个用湿泥来堆成的小丘，发着高热，裂了隙缝，"嘶嘶"地放出一缕缕的水蒸气。地洞中残余的硫化亚铁，据他们在空暇时候用种种方法来检验的结果，被判定为是与他们叔父所制成的同样的物质。到这时候，保罗叔才参加进去。

　　他说："此刻残留在人造火山中的黑色粉末，含着铁和硫黄。这物质的制成，是你们亲眼看见，而且亲自动手的，所以对于这一个事实，你们可不用怀疑了。但是现在又来了一个问题，这化合了的铁和硫黄还能各自恢复它原来的性状吗？回答是这样，事情是可能的，但绝非用简单的鉴别法所能办到。要分开由化合作用结合而成的物质，须用科学的方法，这是属于化学范围以内的事。此刻你们对于化学还没有充分的知识，所以我不想试用那一种方法。而且，就我们眼前的目的而论，分不分没有什么关系。因为这黑色粉末既然确实含有这两种物质，那么，用了适当方法，自然可以从其中得到这两种物质。对于这一点，我希望你们先好好地记在心里。"

　　裴尔斯同意道："那是一定的，用铁和硫黄制成的物质，若得适当的处理，自然可以得到铁和硫黄。这正如从铁屑中可取出铁来，从硫黄华中可取出硫黄来一样地确定。"

叔父说："其实要分开这两种物质来，过程并不繁难，只是所需用的药品，都是你们没有见过的，真的试验起来，反会使你们莫名其妙。欲获得实在的永久的知识，范围须力求其小，观察须力求其精，这是一种秘诀。

"现在我要告诉你们，凡是化合而成的物质，若要把它们分解开来，不一定是容易的事。凡显示出热与光的这种化学的结婚，把物质结合得非常牢固，你要分开它们，非运用科学的方法不可。实际上结合越容易，分解越困难。若是那化合作用出于自发，要分开它们，就更觉不易。我们最近看到铁与硫黄的化合，时间既极短促，又不借任何外力，所以非用巧妙的科学方法就不能把它们分离开来。

"然而也有与上面所述的恰恰相反的例子，即化合极困难，而分离极容易，差不多毫无阻力的。有几种物质，一受高热、震动、摩擦、撞击甚或嘘一口气，就足以脱离它的同伴而解放出来。这是对手间性情不协，只在那里想离婚的一种化学的婚姻。"

爱弥儿说："使物质分离，可真有这样容易的吗？"

"自然是真的。我想你自己也常常遇到这种事。你在擦火柴的时候，有没有注意过，火柴头的燃烧，比火柴梗的燃烧猛烈许多吗？"

"对于这现象，我虽然没有特别去注意，但是你说了之后，我还能想得起来。有一次，在一个酷热的晚上，我摸了一匣满装着的红头火柴，想擦一个火，不料刚把匣盖推动，那匣火柴就全都着了起来，火焰四射，非常猛烈，把我的手都灼伤了，但是等到火柴头燃尽了以后，那火柴杆却并不沿烧起来，一吹即灭。这不知和物质的分离有什么关系？"

"有关系，关系是这样，无论哪一种火柴，它的头里都含有两种物质，一种是易燃物质，一种是助燃物质。这助燃物质是由不同的成分化合而成的。一受高热，那些成分就会突然分离，帮助燃烧，使火焰旺盛。你想象这样的情形，其分离是何等容易啊！"

"炸药是更容易分离的一种物质。枪弹中雷管之所以会爆发，就利用了它的这一种性质。你把枪机一扳，小铁锤打在雷管上，即起爆发而燃烧，同时点着了弹壳中的火药，将铅丸放射了出去。你们且想一想这种雷管的构造，在杯形的铜片底下黏附着一层薄薄的白色物质。这物质便是炸药，是由好几种成分化合而成的，只要碰到极轻微的撞击，那些成分就会猛烈地飞去。以上所说，都是带有危险性的物质。我们且来再谈谈一般无害的东西吧。你们想，一片面包中含着些什么东西？"

爱弥儿急忙答道："我想其中含着……含着面粉。"他以为这回答已经很明白了。

叔父同意地说："不错，不过面粉中含着些什么东西呢？"

"面粉中含着些什么东西？面粉中除了面粉外还有什么东西呢？"

"但是我说，面粉中含着碳，即木炭，你相信不相信？"

"什么，面粉中含着木炭？"

"是的，孩子，含着木炭，而且含得很多。"

"喔，叔父，你在说笑话哩！我们不能吃木炭。"

"啊，你不相信我的话吗？我不是说过，化合作用可使黑的变成白的，酸的变成甜的，毒质变成滋养品吗？而且，我可以给你们看一些从面包中得来的这种木炭。其实我也用不到给你们看，因为你们已经看见过好几百遍，一想就记得起来。我且问你们：你们吃面包，不是要放在炉灶上把它烘燥吗？"

"是的，烘燥了吃起来比较松脆些。"

"但是，倘使你们把这片面包忘记了在炉灶上呢？倘使烘的时间长久了一点呢？你们试从经验中把这事情的究竟回答我，因为对于这严重的事件，我不想参加些我的意见，完全让你们自己去解决。倘使你们的面包放在炉灶上一点钟[1]，便该怎样？"

"那是很容易回答的，它就完全变成木炭，我已看见过许多次了。"

"那么，告诉我，这木炭是从什么地方来的？是从炉灶中来的吗？"

"喔，那是决不会的！"

"那么，从面包自身中来的吗？"

"是的，这必定是从面包自身中得来的。"

"但是某物质中本没有这东西，就决不能凭空产生出这东西来。所以面包在火上烘久了会产生木炭，必定是面包自身中本含着木炭，即碳。"

"唔，是的！我方才竟想不起来。"

"还有许多别的常见的东西，只因一向没有人指导你们，所以你们不知道它们的意义。以后我将常常利用这种普通的事件，使你们回想出许多重要的真理。回想，现在已使你们察觉到面包含着多量的碳。"

裴尔斯说："我承认面包中的确含着碳。证据就在眼前，不容否认。但是，如爱弥儿方才所说，我们不能吃木炭，却能吃面包。木炭是黑的，面包是白的，这是什么缘故？"

叔父答道："倘使是单独存在的木炭或碳，那么，就如你所说的，是黑的不能吃的东西。但面包中的碳并不单独存在，它是和别的东西化合着的，一经化合，它的本性全失，正如硫化亚铁毫无硫与铁的性质一样。在烘枯了的焦屑中，凡面包中所有其余的性质，都被大量的热赶跑了，剩下来的只有木炭和木炭的特性——色深黑，质坚脆，味粗恶。炉灶中的热，破坏了化合的工作，把面包中结合在一起的东西，都释放了出来。这便是面包烘久了变成木炭的整个秘密。现在让我们再追究伴着碳在白面包中的其他的东西。这些东西，你们曾经知道过，你们曾经看见过，并且当它们被热赶出来的时候，你们还曾嗅得它们难闻的气味。"

1.一点钟：即一个钟点儿，就是一个小时，60分钟。（编者注）

裴尔斯说："我不大明白，你是不是说面包变成木炭时所发生出来的那种恶臭的烟雾吗？"

"对啊，你明白我的意思了。那种烟雾就是从一部分面包中分出来的。若把这木炭，这烟雾再化合起来，就会组成和未受热以前的那片面包同样的东西。热是分离的主动力，它把某种成分元素驱逐到空气中，剥去了它的假装，只留下你们称为木炭的那种不能吃的黑色物质。"

"那么，就只有这难闻的烟雾和这木炭，造成功面包，而且分开了两者都是不能吃的东西，结合时才变成可吃的东西吗？"

"正是这样，原是吃了不滋补的，甚或有害的物质，经了化合，可以变成极滋养的食品。"

"保罗叔，既然你这样说，我当然相信，但是……但是……"

"你的'但是'我明白。这种事情我们初听时确难相信，因为它们和我们原来的意念太矛盾了。所以我不叫你们单是相信我的话，你们必须从信[1]我，用以外的东西中去证实这些话。我不是开头就用极确凿的实验来作为说明这种难信的事件的张本吗？试想，我们得到的破瓶子里的黑色物质。那时硫黄已不复是硫黄，铁屑已不复是铁屑。那么，木炭和烟雾曾失掉它们原有性质而变成面包，有什么值得特别惊异的地方呢？"

"是的，叔父，我们最好还是相信你的话。"

"有时候你们必须相信我的话，譬如遇到了一件事实需要极艰深的解释为你们所不能了解的时候。但是在寻常时候，我将竭力避免灌输式的讲授，而让你们自己去观察、接触和判断。关于面包受热而分解，我方才指出了木炭，并且叫你们注意到某种特别的臭味或烟雾。现在，你们的推论是怎样的呢？"

"面包中含有结合着的木炭和烟雾。这是非常明白的。"

1从信：信从，信奉。（编者注）

"是的，凡是事实所指示的，无论它如何不合情理，我们总得接受。这种事实告诉我们，面包可以因热的作用，分离成木炭和某种气体。让我们把这个真理，先承认了，记在心里吧！"

裘尔斯说："我还有一个疑问，不能解决。你说，受到热的作用而分开的木炭和气体，若是再化合起来，可以组成和以前一样的面包。那么，火没有把面包毁坏了吗？"

"所谓'毁坏'，不只是一个意义。若是你以为面包受了热，就不再成为面包，这意思原是不错的，为木炭和气体不能算是面包，而只能算是组成面包的物质。然而，就另一方面说，若是你以为面包受热后已化为乌有，你就大错特错了，因为存在于世界上的物质，没有一颗一粒可以被任何力量或方法所消灭的。

"但是我的意思却正是指你所说的后一层——化为乌有，完全消灭。我们总说火能毁坏一切，消灭一切。

"就字面而论，这句话是不通的，我得反复地对你们申说。全宇宙中没有一样东西，即使是最小的一粒砂，最细的一条蛛丝，也不会被任何动作所消灭。

"现在你们听好，因为这问题是极重要的。假定我们造一间富丽堂皇的巨厦。在建筑的时候，工人得把无数的材料如砖瓦、石块、三合土、栋梁、木板、石灰、钉子等，安放在适当的地位。待屋子造成后，巍然矗立，坚实到好像永远不会坍塌的样子。但是这巨厦真的不会毁坏吗？不是的，要毁坏它也非常容易。你只要叫回几个工人来，用了鹤嘴、铁棒、锤子等工具，可以很快地把这巨厦完全拆下，变成了一大堆的残砖废木。这就屋子而论，可谓已经被毁坏了。

"但是它会不会被完全消灭化为乌有呢？那显然是不可能的。屋子虽然被毁坏了，可是拆下来的残砖废木，不是依旧存在着吗？所以这屋子不曾被消灭，而且用以建筑这屋子的一砖一木也不曾化为乌有。不但如此，连掺杂在三合土中的细砂粒，也一定存在于什么地方。在屋子拆下的时候，也许有一些泥灰被风吹去。但是这些泥灰，无论它怎样细小，无论它被吹得怎样远，却总是存在于这世界上。所以就屋子的全体说，它一些都没有减少，一些也不会消灭。

"火是一种破坏者。但仅只是破坏者而已。火能破坏用各种材料来造成的房屋，但不能消灭这种材料中最小的一颗残屑，极微的一粒尘埃。火烘面包，即起破坏作用，但不会有什么消灭作用发生。因为面包经了火的作用后，剩下来的确实还是和面包所含有的同样的物质。这残余物已变成了木炭和某种烟雾或气体，木炭是能够独立存在的，所以我们能够看见，气体容易飞扬，所以不久就看不见了。所以，你们以后应该把'消灭'这个念头永远抛弃掉。"

"但是……"

"'但是？'裘尔斯，你又有什么疑问呢？"

"你在火上烧一块木头，结果只剩下些微的灰烬，这不是可以说几乎消灭了吗？"

"你的观察很周到，这是很好的。现在我且回答你的问题。我方才说过，拆屋子时有一些泥灰被风所吹去。我们假定把这拆下来的材料完全捣成极细微的粉末，那么，经了几次大风之后，还剩下些什么东西呢？"

"当然吹的一点也不剩了。"

"我们可不可以说这屋已化为乌有呢？"

"那是不可以的。因为它只是变成了尘埃，飞散在各处罢了。"

"关于木头的问题，也和这一样啊。火把木头变成了它的成分元素，这种元素有些比最微的尘埃还要小的，都分散在空气中，为人目所不能见。我们所能见的只有一撮的灰烬，因此就以为其余的物质完全消灭了。其实它是依旧存在的，不可灭的，只因它有着透明无色的性质，和空气一样，所以看不出来罢了。"

"那么，在炉灶中烧过了的木头，大部分成为一种极细微的不可见的尘埃，分散在空气中吗？"

"是的，孩子。凡是用以发热、生光的燃料，都可这样解释。"

"现在我明白了。据你说，我们看不见大部分分散了的木头，就如看不见拆屋时被风吹去了的泥灰一样。"

"不但如此，一间屋子拆下来的材料可用以建造位置不同形状各异的别的屋子。因此一堆颓垣残壁，又可变成一所完全的建筑。更进一步说，就是这同样的材料，还可以建造别的东西，石块可以作一种用途，木头、砖瓦更可以作其他的用途。所以，这破坏了的屋子的残骸，可以造成种种的东西，各有其形状，各有其用途，各有其特性。

"物质的变化情形，大抵如此。我们假定两种或两种以上的物质，各有不同的性质，化合在一起。它们结合在一起时，有着某种特别的性状，我们可以比之于一种建筑物。这新物质完全和任何组成的物质不同，正如我们造成的屋子既非木石，又非砖瓦，也非造成这屋子的任何材料。

"此后因了某种理由，这种化合着的物质被分离了，它的化学构造被破坏了。然而残迹却依然存在，其中的物质也有一些没有损失。自然怎样处置这种残迹呢？也许用一些这种成分来作这一种用途，用一些那种成分来作那一种用途，照这样地分别利用，结果就生出了各式各样的和原来物质绝不相同的东西。本来使某物质变黑的成分，也许可以和别的东西结合了产生一种白色的物质；本来在酸味物质中的成分，也许可以和别的东西结合了产生一种甜味的物质；本来组成毒物的，也许可以在食品中找到；正如本来用以造水沟的砖头，也可用以造用途迥异的烟囱。

"所以，一切物质，都是永远不会消灭的。虽然骤然看去，好像有许多物质都会消灭，但这只因我们没有仔细地观察的缘故。我们只要小心观察，就可知道物质是不灭的、恒存的。它们参加着种种化学作用，其中有几样差不多时时刻刻在破坏，时时刻刻在改造，这样地反复变化，永远不已。至就宇宙全体而论，则既没有损失，也没有增益。"

第四章　单物质[1]

"现在我们且回过来再从那黑色粉末硫化亚铁谈下去吧。化学家用了一种比普通的鉴别法较复杂的方法，可以把这种物质分解成单独的铁和硫黄。又面包被火所分解，也可以把它的主要成分碳分离出来。那么，碳、铁、硫三者又是由什么东西组成的呢？且让我把历来科学家对于这个问题的研究情形告诉你们。他们曾经费了许多的心力，做了种种精密的实验，但是他们加入的力无论怎样强大，结果碳、铁、硫却永远是碳、铁、硫，并不会产生出什么东西来。"

裘尔斯反对道："不过我觉得硫黄是会分出和硫黄不相同的东西来的。你撮一些硫黄来放在火上，它就会发生一种蓝焰和一些使人咳呛的气体。这气体当然是从硫黄中分出来的，但是它的性质却完全和硫黄不同，因为它能使人咳呛，而硫黄是即使移近鼻子边也不会使人咳呛的。"

"你没有明白我的话。我说硫黄不会产生出什么东西来，是说它不会分解成别的物质，我并不是说它不能和别的物质相化合。它是能够和别的物质相化合的，它不但能造成使人咳呛的气体，而且还能造成许多别的东西，最显著的，便是我们所熟知的硫化铁。我告诉你们，每一种物质在燃烧时，就和包围在我们四周的大气中的另一种看不见的物质相化合。硫黄发蓝焰而燃，就表示它在和大气中的那种物质相化合。结果就产生那使人咳呛的气体。"

"那么，这气体比硫黄更复杂吗？"

"是的。"

"这气体一定是由两种东西造成的，一种是硫黄，一种就是你所说包含在空气中的东西。至于硫黄，则单是由硫黄自身造成的。"

"对啊，你无论用什么方法试验，硫黄决不会分解成不同的物质，像破瓶子里的黑色粉末可以分出铁和硫黄，面包可以分出碳来一样。固然，硫黄可以造成许多比自身更复杂的东西，但是它决不能生出比自己较简单的东西。因此我们称硫黄为'单物质'，即指它已分到不能再分了。水、空气、石卵、木头、植物、动物，这些都是物质，但它们都不是单物质。对于这一点，你们应当牢记。

"碳和铁也是单物质，其理由和硫黄之为单物质同。它们除了和别的物质化合成复杂的东西外，不能再分解为任何更简单的东西。化学家曾经把自然界中的一切物质，无论在地上、地下、水底、天空，无论属于动物、植物、矿物，都逐一加以精确的试验、研究、分析，结果发现这种不可分解的单物质的数目已有80余种[1]，我们方才讨论到的铁、硫和碳，就包含在这80余种之内。"

爱弥儿问："那么，你将要把这许多单物质统统告诉我们吗？"

"不统统告诉你们，我只讲比较重要的几种，因为大部分的单物质，都和我们不发生什么关系。并且关于单物质，除了我们方才说起的三种，铁、硫、碳外，你们自己也已知道了许多。"

爱弥儿奇怪地说："我也知道别的单物质吗？我觉得我没有这样聪明

1.本书在初次出版时，化学元素只发现了80余种，截至目前已发现118种。金属元素有90种，非金属元素有22种。下文同。随着时代的发展，元素种类会越来越多。（编者注）

呢。"

"不，你知道，只是你不知道它们是不能分解的罢了。你们头脑里所装的东西，实际上远比你们知道的来得多。所以照我的意思，要把你们这种杂乱的观念理清楚。但是我将竭力避免直接地教授，宁可让你们把已经知道的东西自己去追想出来。然而我可以告诉你们一个要点，即：我们通常称为金属（这里所谓金属，仅就物质外观的区别而言。化学上严格的所谓金属，专指其氧化物能与水化合而成盐类的）的东西大都是单物质。"

"噢，我明白了。那么，金、银、铜、锡、铅等，也是单物质，和铁一样。"

"但是还有一种极普通的金属，你还没有说。想想看！印刷上用的图版往往是用这样东西来做的。"

"印刷上用的图版？让我想——噢，是锌吧？"

"对了，然而这些还不是金属的全部。此外还有许多别的金属，其中有些性质很奇怪，但都不供一般的用途。有机会时，我当再提出来和你们讨论。然而，其中有一种可以在这时候先说一说。这种金属是一种流质，像是熔化了的锡。它的颜色和银一样，装在寒暑表的玻璃管里，可以随空气温度的高低而升降。"

"噢，这是水银！"

"不错。不过水银是它的俗名，它的学名应该叫作汞。水银这个名词，很容易引起误解。它的外貌虽然和银相似，但它的性质却是完全和银不同的。"

"这样说来水银也是一种金属，和金、银、铜、铁等一样吗？"

"是的，它和别的金属只有一点不同。只要温度高，即使在寒冬，也足以使它成为流质；铅要熔化它须用炽燃的炭火；至于铜，尤其是铁，就非用最热的火炉不可。但是若将水银冷却到相当的温度，它也会变硬，外貌和银一样。"

"那么，它可以用来做货币了？"

"当然可以，只是这种货币一放进衣袋，就立刻熔化而不成其为货币了。"

"金属的颜色相差极微，银和水银是白的，锡次之，铅更次之，金是黄的，铜是红的，至于其他，像铁和锌则是灰白的。一切金属都有闪耀的光彩，尤其是新近擦干净了的东西。或则换一句话说，他们都有一种金属光泽。不过你们应该注意，金属虽都有光泽，但有光泽的东西不一定都是金属。譬如有几种昆虫的翅鞘，以及某类的石子，都有金属一样的光泽，实在却并没有一些金属在内。

"其他的单物质，譬如硫和碳，都没有金属光泽，更有几种极重要的单物质，和空气一样是透明无色的。这种外观和金属显然不同的单物质，通常都称为非金属（这里所谓非金属，仅就物质外观的区别而言，化学上严格的所谓非金属，专指其氧化物能与水化合形成酸）。碳是非金属，硫也是非金属。非金属的数目并不多，一共只有二十来种，其中有几种，更为一般人所不大听到，但是它们在化学上所负的任务却非常重要，我们四周的一切物品的构成，大都以非金属为主要原料。故自然物需要非金属，差不多和建筑物需要砖石水泥一样。在这些重要物质中，有一种气体，要是没有了它，我们立刻就会死亡，它的名字叫作氧，这名字恐怕你们从没有听见过吧？"

爱弥儿叫道："喔，这名字好奇怪！我从没有听见过。"

"还有两种——氢、氮，你们听见过没有？"

"也没有听见过。"

"我早料到你们没有听见过。氢和氮都是极有用的非金属，它们悄悄地完成它们指定的工作，并不引起公众的注意。正如一个慷慨的慈善家只在募捐簿上填着'无名氏'三字，但愿施舍，不求虚荣。以上所说的这三种物质，氧、氢、氮虽然都很有用，但均不为一般人所注意到，因为它们都是无色透明的气体，和空气一样。并且，它们又往往隐藏在化合物中，只有用较高深的科学方法才能探知其存在。所以我们对于这些在自然的永久剧中饰着主要角色的物质，自然要一无所知了。"

"它们很重要吗？"

"是的，非常重要。"

"比金更重要吗？"

"这个不能比。金对于人类当然是极有用的，它是一切劳力和工作的符号。铸成货币，它可以流通于各人的手头，作为工商业上劳力和物品交换的媒介物。不过，假使地球上所有的金都消灭了呢？结果也并不成为何等严重的问题。银行要感到周转不灵，商情要暂见纷乱，但止此而已。不久，一切都会渐渐恢复过来，和以前一样。然而，假使上述的三种非金属的一种，譬如氧都消灭了呢？那时候地球上的一切生物，上至最大的动物，下至极小的细菌都将立即闷死。地球上将永远没有生命，只有一片死寂的荒土。这情形比之银行家的不便和商人的烦恼，当然要严重得多。"

"所以人类，就社会的大体上说金并不负着何等重大的任务，即使完全没有了它，也不会影响于自然界的秩序。至于氮气对于人类社会的作用，却非常重要，无论缺了哪一种，都足以使自然界失其常态，生活成为不可能。除了这三者外，碳也须并算在内，因为它的重要，也不亚于氧、氢、氮。所以一切生物的必不可缺的物质一共有四种。

裴尔斯道："那么，你可不可以把这氧、氢、氮三种物质的性状讲给我们听听呢？"

"当然可以。我就要讲了。不过说起来很长，这里让我把你们将来所必须知道的另一种非金属物质，先提出来说一说。这物质在红头火柴的头上，上面罩着一层蜡，一经摩擦便会发火。若是你在暗室中把它单独摩擦起来，会放出一种淡淡的光。"

"那一定是磷。"

"不错，是磷，这也是一种非金属。现在让我们再把以前说的总结起来。宇宙间单物质共有80余种，普通就外观区别，可分为金属和非金属两类。金属特具一种被称为金属光泽的闪光。你们已经知道的是金、银、铁、锡、铅、锌、汞等8种，还有必须知道的种待我有机会时再说。金属的总数约有60余种。非金属的数目比较少得多，共计约近20种，都没有所谓金属光泽。最重要的非金属为氧、氢、氮、碳、硫、磷，前三者是无色透明的气体，和空气一样。

"单物质，无论是金属或非金属都称为'元素'。所谓元素意即自然用以制造它种种物品的不可分解的或原始的物质。"

裴尔斯插口道："但是保罗叔，我曾经见过一本书上说自然界的元素有4种，不是80余种，即土、空气、水、火。"

"那本书上说的是古时候人的错误见解。的确，古时候人相信土、空气、火、水为四种不可分解的物质，一切物品都由这四种物质造成。但是在科学进步的现代看，这四种没有一种可认为单物质。"

"第一，火无宁[1]说是热，完全不是一种实体的东西，所以我们不能认它是单物质。凡称为物，都可以衡量。我们可以说一立方尺[2]的氧，一磅[3]的硫，但是我们若说一立方尺的热或一磅的暖，那就不通极了。这正如把梵哑命上拉出来的音调，用秤来称，用斗来量一样地不通。"

裴尔斯接着道："一磅F高半音，一斗E低半音，倒有趣！"说着哈哈大笑。

"那么，音调为什么不能用秤来称，用斗来量呢？这因为音调不是物，只是从音体发出由连续的波浪传到我们耳鼓上来的一种运动罢了。热和音

1.无宁：宁可；不如。（编者注）
2.立方尺：即立方英尺，英制的体积单位。（编者注）
3.磅：英美制重量单位，一磅合0.45359237公斤。（编者注）

相像，也是运动的一种特别方式。对于这一个有趣的题目，我此刻只能说到这里为止，要详细地解释，不但费时太多，而且会把化学的本身都忘记哩。现在我只能简单地说，热不能当作元素，因为它不是物。

"至于空气又是另一种东西。它可以用斗来量，用秤来称，空气可以衡量，也许你们以前没有听过。但事实却是如此，对于这一点，你们学了物理学后自会知道。然而空气虽是物，却并不是单物质。它是由好几种气体合成的混合物，其中最多的就是氧和氮。对于这一个事实，以后我们可以用实验来证明给你们看。

"水也不是一种单物质，一种元素。到了相当的时候，我也可以替你们证明它是氧和氢的化合物。

"还有土，这字含着怎样的意义呢？那显然是指造成地球固体部分的由各种矿物质砂、泥、岩石等，集成的混合物而言。所以它不是一种元素，一种单物质，而是含着各种元素的东西。从土中可以得到一切的金属和各种的非金属。实际上一切单物质都可以从土中诱导出来，所以古来所承认的4种元素，就现代的知识看来，没有一种可以算作是单物质，或是元素。"

第五章　复物质[1]

"泥水匠用了砖石、水泥等材料，可以随意建造居宅、桥筑、工厂、亭台、寺观等一切建筑。这种建筑的材料虽然相同，而形式、目的却完全各异。同样，自然之母也只用了80余种元素，造成了动、植、矿三界中的一切物品。因此，只要本来不是单物质，任何物品都可以分解为金属、或非金属、或金属与非金属两者。"

"那么，一切物品都是用这种单物质做成的吗？"

"是的，只除了本来是单物质的物品。你们且想一想那最常见的在各种变形中的元素——碳。我曾经告诉过你们，碳是组成面包的一份子，又你们当然知道木头中也有碳，因为这是可以从烧焦了的柴薪中看到的。现在，这面包中的碳和树木中的碳，原是同样的东西，所以经了自然的反复变化，在面包中的碳可以再次在柴薪中出现，而在柴薪中的碳也可以再次在面包中出现。"

爱弥儿很滑稽地说："照这样说来，我们吃一片奶油面包，再吃一片可以变成硬木头的东西了。"

1.复物质：即我们现在所说的化合物，由不同种元素组成的纯净物。（编者注）

叔父道："这也难说啊。你的笑话，比你所想的更近于真理，我希望立刻把这理由告诉你们。"

"保罗叔，我以后不愿再说什么了。你的单物质已弄得我头昏脑涨哩。"

"弄得你头昏脑涨？那是决不会的。一线新的真理之光，也许会使你感到迷乱，和强烈的阳光会使人炫目一样，但这是暂时的事。让我们继续下去，一切都可渐渐地明白起来。你们想，在栗子、苹果、梨子等的果实中有没有碳？"

裘尔斯道："有的，你把栗子在锅中炒得太久了，就会变成木炭，你把梨还留在火炉上，也会变成木炭。"

"不错！这烧焦了的栗子、苹果或梨，是和柴薪、面包中的碳为同样的物质。所以我们的确会吃可以变成柴薪的东西。现在你们对于这问题还有疑惑吗？"

爱弥儿答道："我没有疑惑，已经懂得了。"

"你们还可以懂得更清楚一点。你点着了一盏火油灯，用一块玻璃来放在火焰上，就见那玻璃上立刻生出了一层墨色的东西。"

"我知道，那就是煤炱[1]。我看日食时，就是将玻璃这样地熏黑了的。"

"这煤里是什么东西呢？"

"它很像木炭的灰。"

"它实在就是木炭，或碳。你们知道这碳是从哪里来的？"

"据我想，它一定是从火油中来的。"

"是的，它是从火油里来的，是从火油被火焰的热所分解而来的。不必说，这碳和别的碳并没有丝毫的分别。椰子油、棕榈油、牛脂油、羊脂油中也有碳，因为蜡烛点燃时，也会产生煤炱，和火油灯一样。此外，树脂中也有

1.煤炱：亦作"煤炲"。凝聚的烟尘；煤灰。（编者注）

碳,燃时发生黑色的浓烟,还有很多……这样举起例来,简直是举不完的。最后我还要提出你们时常吃的肉类来说一说。假使厨子不小心把肉类煮得长久了便怎样?"

爱弥儿大声道:"那也全变成木炭。"

保罗叔问:"现在你们从这里推论出些什么来呢?"

"我们的推论是,肉类中也有碳,什么地方都有碳。"

"什么地方都有碳?那是不对的。我们只能说含碳的物品很多,尤其是一切动植物的制品。这种物品被火分解后,都能把碳素遗弃在灰分中。"

"一张白纸,烧了变黑,大概其中也有碳吧?"

"是的,孩子,纸是用破布做成的,而破布却是用棉麻或毛纺织而成的。"

裘尔斯问:"比纸更白的牛乳,是不是也含有碳?我看见牛乳的泡沫有时候在锅子边上都变成了黑色。"

"是的,牛乳中也有碳。好了,我们不必再多举例了。现在我想叫爱弥儿把他最近读的《拉封丹寓言》背出来。"

"哪一则寓言?"

"关于雕刻家和朱庇特石像的那一则。"

"喔,我知道。一块云石颇好看,雕师见之心甚欢。买归自问:'将何作,神像、几案、抑石盘?是宜雕作神貌状,手擎雷电放明光。神点头时民战栗,神之名兮震万方。'"

说到这里,保罗叔阻止道:"够了,够了。拉封丹告诉我们一个雕刻师买了一块很好看的云石,盘算着将把它做成什么东西。一块云石本来可以被做成神像、几案、石盘等,但是这位雕刻家却喜欢把它做成一个神像。自然之母创造万物的情形也是如此。她可以随己意把一种元素造成任何物品。譬如她手头有一些碳。她自己盘算道:'我将把它做成什么东西呢?把它做成一朵花，一串葡萄，一条金鱼，一丛鸟毛，我把它做成一朵花吧！不但是一朵花，而且是一朵最芬芳的、最美丽的花。'于是一朵玫瑰花从这本来可以变成葡萄、金鱼、鸟毛的碳中长了起来。"

爱弥儿问："但是玫瑰花中除了碳有没有别的东西呢？"

"当然还有，否则碳还是碳，不会变成别的东西。它和别的单物质化合了才会变成玫瑰花，其他含碳物品的形成也是如此。"

裴尔斯把叔父的话概括起来说："照这样说，那么，在面包、牛乳、牛脂、羊脂、火油、果实、花、棉、麻、纸以及许多别的东西中都含着碳和其他的各种元素。这种元素无论在花里、蜡烛里、纸里或木头里，性质永不变易，永远是同样的金属或非金属。不过我们的身体是否也是用这种东西来造成的呢？"

"论到造成人体的质料，那是和一切物品一样的。它的成分也同样是金属与非金属。"

爱弥儿诧异道："什么！我们的身体中有金属吗？我们的身体是矿藏吗？我们都不像卖艺人这样地会吞铁蛋，我不相信有这样的事。"

"然而我们的身体中的确含有铁，完全和卖艺人所吞的铁一样。我们的身体中不能没有铁，没有了它我们简直不能生活。让我告诉你们吧，使我们的血液变成红色的便是这铁。"

"即使是铁使我们的血液变成红色，但是我们不能把铁当为食物，就是卖艺人也只是玩着把戏，实际上他并不能吃铁。那么，这'染色物'是从哪里来的呢？"

"这和我们身体中所需要的碳、硫以及其他元素一样，都是从食物中得来的。你们想别的物质如碳，会与其他元素化合而变形，难道只有铁不会吗？凡是面色苍白、营养不良的人，医生往往叫他吃含有铁质的药粉或药水。这虽不像吞铁蛋，但总是吃铁。"

爱弥儿道："现在我相信了，请你再议别的东西吧。"

"我还没有说明白哩！你不要把人的身体当为矿藏。人体中需要的金属，除了铁，虽然还有很多种。但我们所悉知的金属，如金、银、铜、锡、铅、锌等不都是人体与动、植物所需要的东西。而且某种有毒的金属如果跑到了人体中，人会致命。至于铁，只要在人体中加入了极微的分量，已足以使血色变红和增加其他的特性。实际上像牛一样大的动物，其血液中铁的分量，还不够做成一只钉子哩。再说，假使我们要把血液里的铁质提炼成一只钉子，其所需的工作量是极大的，这钉子的价值将比什么东西都贵。不过事情是可能的，对于这一点我要和你们讲清楚。

"就你们现在的知识而论，总该明白，单物质用种种方法来化合，可以反应生出许多性质各异的其他物质。这种物质称为'复物质'或'化合物'，它都是由几种元素组成的。水是一种复物质，二氧化碳、氧化铁、硫化亚铁、高锰酸钾等，也是复物质。水是由氧元素和氢元素组成的，关于氧元素和氢元素的性状，我不久就可以告诉你们。复物质的数目可以说是无限的。然而这许多复物质，都由80余种单物质的若干种化学反应生成。并且许多单物质的用处极少，即使完全没有，它们也不大会影响到万物的总数。黄金便是这种次要元素的一例。具体地说，自然界大部分的物品都是由10余种单物质造成的。"

裘尔斯追究道："不过我还有一个疑问。万物之数既然无限，那么，造成这万物的单一物质为什么只有80余种呢？而且你说自然界中大部分的物品都可以用十余种单物质来造成，这话更使我疑惑。"

"我料得到你们会发生这样的疑问。其实即使你不问，我也会告诉你们。现在我要用一例相同的例子来协助你们解决这个疑问。我们的字母有26个。试想，它们能够造成多少字？"

"啊，那个我倒说不出来，我没有数过。一部字典，即使是最小的字典，也有不少的字。我们假定它有一万个字吧。"

"好，就算是一万字，那本来用不到准确的数目。不过你们得注意，我们此刻只是指我们自己的文字而言。实际上这几个字母，竟可以写成全世界各国的文字。无论过去，现在和将来的不必说，拉丁文、英文、意大利文、西班牙文、丹麦文、瑞典文等，本来同是用这26个字母写成的，就是希腊文、中国文、印度文、印度文、阿拉伯文以及任何方言土语，也同样可以用这几个字母来拼成。现在我们若把这许多字都拼算起来，你们想总共该有多少？"

裴尔斯道："那一定不止几万，而是几百万了。"

"现在我们如果把这26个字母代表单物质，把许多的字代表复物质，当可算作是一个很确切的比喻。几个字母照着一定的排列顺序合并起来，就变成了一个字，每个字都有其特别的意义。同样，几种单物质照着一定的分量合并起来，就变成了一种复物质，每种都有着特别的性质。"

裴尔斯插口道："那么，元素组成单物质，正同字母组成字一样。"

"是的，孩子。"

"那么，复物质的数目一定多得和世界各国语言中的字数一样了。但是我总觉得字母所生的变化比较多些。因为字母之数为26，而造成大部分复物质的元素，据你说至多只有十余种。26个字母的组合当然要比十余种元素的组合来得多些。"

"你们应该注意字母的数目是可以减少许多的，不过结果却仍旧能够代表一切的语音。试问 k，q 和刚音的 c 有什么不同？没有啊。其中只有一个是必要的，其余的两个简直可以不要。同样，柔音的c与尖音的s相同，x与ks相同。你看，把许多重复声音的字母除出了以后，结果依旧会造成无数不同的字。不过我也承认，即使在字母中剔出了许多，实际上却还比造成大部分复物质的元素数目多。然而就结合的方法而论，元素却比字母便当不少。

"我们要造成一个字，通常总是用好几个字母。譬如那个长而难读的

'inter om munie lility' 我们要读完全它需屏一口气。这字中字母共有20个，13种。复物质却并不需要那么，多种数的元素，普通只含2~3种。你们只要想象一种用2~3种或4种字母来拼合成功的文字，便可以得到元素化合而成复物质的概念了。硫化亚铁是由两种元素化合而成的。水也是由两种元素化合而成的。油含着3种元素。含两种元素的化合物称为'二元化合物'，含3种或4种元素的化合物称为'三元化合物'或'四元化合物'。

"复物质既然只由2、3种或4种元素化合而成。那么，它们的变化为什么是无限的呢？要解释这一点，我们可取 rin 这词为例。我们若是把它的第一字母用别的字母代替就可得 gin, lin, win, pin 等字。同样 fin 字可以变成tin, din, sin可见只变化了字中的一个字母，就可以使全个字的意义完全改变。化合物的变化也是如此：化合物中的一种元素由另一种元素来代替，则整个物质的性质就完全不同了。

"并且还有一种变化会使化合物生出更多的变异。正如在一个单字中，同样的字母可以重复若干次（在上面所举的那个长字中，重复了四次），一种同样的元素在许多复物质中也可以重复好几次。它可以重复一次、三次、四次、五次，甚至更多的次数，每一次重复各产生出一种有特别性质的化合物。像这样的例子，在字典中是找不到的，因为我们的文字，不能让一个短字中的字母屡屡重复。我们试想象有这样的一连串字：b, bba, bbba, bbbba, 再假定这许多字各有一种不同的意义。那么，从这个比喻中，你们可以明白复物质的变异情形。"

裴尔斯道："如果复物质是这样化合着的，那么，复物质的种类自然是很多了——自然共要十余种单物质已经够用了。一种元素变化，一种元素重复，当然会产生无数的化合物。"

叔父问："爱弥儿，你觉得怎样呢？"

"我同意裴尔斯的话，十余种元素的确会造成无数的化合物。不过ba

和bba为什么会不同，我却不十分明白。"

"让我来举一个例子给你们看，好不好？"

"那是最好的，我想裘尔斯也想要见识见识呢！"

"好，这是很容易使你们满意的。"

保罗叔说着，就从一只抽屉里拿出一样东西来给他们看。这是一种金黄色的极重的东西，放在阳光中会灿烂地发光。从它的亮光看来，会被错认为金属。

爱弥儿见了这块华丽的石子怪叫道："这是一块巨大的黄金啊！"叔父答道："这东西叫作'愚人金'，因无知识的人都把它错认为黄金，宝贵得不得了，而实在它却是不值什么钱的东西。你在山上的岩石中可以找到不少这种石子，然而你拾了来却换不来一个钱。这东西在书本上称为黄铁矿，用钢铁，如小刀的背打它，会发出比燧石更明亮的火花。"

说到这里，保罗叔就用小刀来实验给他们看。接着，他又说："黄铁矿或愚人金的色彩光泽虽和黄金相像，但其中并没有真的黄金。它并不是单物质，而是你们所熟知的两种元素合成的化合物。一种是铁，一种是硫。"

爱弥儿惊异道："那块金黄的东西是用铁和硫黄来造成，像人造火山中的难看的黑色粉末一样的吗？"

"是的，它单是用铁和硫黄来造成的。"

"但是它们为什么有这样的不同呢？"

"这个不同，由于愚人金里的硫是重复着的。"

"就是把b变成bba了吗？"

"对了，要表明这硫的重要关系。化学上称那黑色粉末为硫化亚铁，称那黄铁矿为二硫化亚铁。"

"噢，原来如此，谢谢你叔父，你拿着华丽的石子给我们看，使我们记住化学上的ba和bba完全是不同的东西。"

第六章　呼吸的实验

　　孩子们自从见过了灿烂发光的愚人金以后，便时常议起那东西。叔父见他们喜欢，便把这石子给了他们，他们拿去在阴暗的地方用钢铁来击打着，快活地看它发出明亮的火花。并且由叔父的指导，他们决定到邻近的山上去搜寻一些与这同样的石子。搜寻的成绩很不错，裘尔斯的架子上放满了大大小小明明暗暗的各种黄铁矿石块。其中有的作金黄色，四面平整，好像一个玉工预备要把它琢磨似的；有的形状参差不齐，而且大多作青灰色。保罗叔告他们，前一种是结晶体，大多数的物质在适当的状况下，可以呈规则的形状，它的光滑的面都依照几何学的法则而排列，这样的物质叫作呈结晶形。

　　他说："关于这个问题，我们且待将来有机会时再谈。此刻我们应当注意另外的事情。我们在以前，只是根据了各种零碎的事实来商榷[1]，从而下判断。这因为你们的头脑还得训练，还得熟习于某种意念和词义。可是现在你们已经有了基础，所以我们要来学一些正则的化学了，这意思就是我们将要试做几个实验。我们将要自己去观察、摸触、尝味、闻嗅和随时留心，那是学习的唯一捷径。因此，我们就要试做我们的实验了。"

1.商榷：商量、讨论。（编者注）

他们关心地问:"实验很多吧?"

"你们要多少就有多少,化学实验的数目是无限的。"

"喔,那是好极了!做实验我们永远不会讨厌。不知叔父肯不肯让我们自己也照样去做,像前回的人造火山一样?要那样就更其有趣了。"

"要是没有危险,我当然允许你们自己去做实验。若是有危险,那么,我将预先告诫你们须要注意何种事项。我信托裘尔斯做领导者,因为我知道他是很谨慎、很伶俐的。"

那个年纪较长的孩子,听了这句话,他苍白的脸上露出了红晕。

保罗叔说:"现在我们要谈到一种极重要的物质——空气。空气包被在地球的四周,其厚约在45哩以上[1],即所谓大气这是一种极精微的物质,摸也摸不到,看也看不见,骤然听来,简直不能相信它是物。你们一定要疑心:'什么?空气是物?空气有重量吗?'是的,孩子,空气是物,空气有重量。用精巧的物理器械,我们能够知道空气的重量,据测算一升空气的重量约为1.293克。固然,将这个重量和铅相比,似乎非常微小,但是以之与其他的,我们就将说起的物质相比,却很可观了。"

裘尔斯诧异地问:"还有比空气更轻的东西吗?可是人家常常说,'轻得和空气一样',好像世界上没有比空气更轻的东西了。"

"人家虽然这样说,但是你们尽可相信,世界上确有比空气更轻的东西,像木头对铅一样。空气因为是无色的,所以是不可见的。你们听清楚我的话,我说'无色的'和'不可见的',是就少量的空气而言,若是分量很多,这句话就不适用了。水可以帮助我们懂得这个道理。水在杯子中或玻璃瓶中差不多是无色的,但是在湖中或海中,便依着深浅而显出或浓或淡的蓝色。同样空气也带着一点蓝色,不过那颜色极淡,须有极厚的空气,我们才能够把它辨别出来。天空之所以呈蓝色,就因为大气层极厚(我在上面已经说过

1.这里是指从地面到10~12千米以内的这一层是空气,它是大气层最底下的一层,叫作对流层。主要的天气现象,如云、雨、雪、雹等都发生在这一层里。下文同。(编者注)

至少有45哩）的缘故。

"空气既然是不可见的，不可感知的，容易逃逸的，所以一要拿空气来做精密的研究，是非常困难的。假使我们要试验空气的性质，就须将某定量的空气与其余的大气相隔绝密。密闭在一种容器里，使它能随意地向各方面流出，能携往各处，能暴露在某种状况下。总之，使它能驯服地遵从我们的控制，像一块石子，一粒石卵一样。但是，我们怎样去看那不可见的，摸那不可感知的，捉那容易逃逸的东西呢？这是一个不容易解决的问题。"

裘尔斯道："在我，这当然是一个难问题。不过我想叔父总有解决的办法吧！"

"当然喽，否则我们就讲不下去了。况且难对付的不只是空气一种。还有许多别的一级重要的物质也和空气一样是不可见的，不可感知的，容易逃逸的。要是现在的问题不解决，我们就无法去知道这些物质。而为近代工业之母的化学，也就不会进步到现在的样子。凡是像空气一样的容易逃逸的极精微的物质，普遍都叫作'气体'，空气就是气体的一种。现在让我来告诉你们捉住气体的方法吧。假定我们要捕集从我们肺里呼出的空气，换一句话说，就是要捕集从我们嘴里吐出来的气息。我先将一只玻璃杯没入水盆中，盛满了水，倒立在那里。这杯子中的水，能够高起在水平面以上，不致流下来。关于这水不流下来的原因，不久就可说到，现在我们且进行我们的实验吧。你们看我用一根玻璃管，假使在没有玻璃管的时候，可用芦梗、麦秆或麻骨等东西来代替，在杯子底下吹气，又空气是很轻的，所以这些气泡都上升到杯底，占据了杯子中水的位置。现在我已把我的气息充满在这杯子里，可以用来做种种的试验了。"

爱弥儿看了说："啊，这原来是很容易的！"

"一切问题差不多统统是这样，知道时觉得很容易，不知道时觉得很困难。"

"现在这杯子里已充满了从我们嘴里吐出的气息。把不能看见、不能感知的东西，像这样地捕集拢来，确是一桩很奇妙的事。我平时鼓颊呵气，从不曾看见过一些东西，但现在我却看见你的气息从水中变成水泡而上升了。"

"是的，这水里的扰动，就像你们看见这不可见的东西一样。"

"此刻水又静止了，我又看不见什么东西了，然而我相信在这好像是空的杯子里实际上必定有一些东西存在着，因为我看见有一些东西跑进杯子去把原有的水挤下了。我觉得保罗叔把他自己的气息充满在这杯子里，非常有趣。我也可以来试试吗？"

"当然可以，但是你必须先把杯子塞的东西拿出来。"

"把它拿出来？怎样拿呢？"

"这样拿。"

保罗叔一面说，一面拿住了杯底，使杯口的一边斜向水面，于是就有一些东西从杯口逸出，发出一种起水泡的声音。

爱弥儿说："好了，保罗叔的气息已经逃到空气中去了。"说着，他又在杯子里盛满了水,倒立在水盆中,照着保罗叔的样子,用玻璃管在杯子底下吹气,快活地注视着那些水泡一个个升到杯底去。

杯子中的水已经全被他的气息挤下去了。他说:"好,盛满了。保罗叔,我还要把我的气息盛满一个大瓶子,你看好不好?"

"可以,孩子,你既然高兴,你只管去做就是了。"

桌子上有一个广口的大玻璃瓶,是保罗叔放在那里预备以后做实验的。爱弥儿把它拿来放在水盆里,却嫌水盆太浅不能像杯子那样地完全浸在水里,然后再把它倒立起来。他说,"哎呀,保罗叔,那水盆太浅了,叫我怎样把它倒立起来呢?"

"这样不成功,就得另外想一个办法,看着我吧。"

保罗叔把瓶子放在桌子上,先在瓶里注满了水,然后左手掩住瓶,用右手执住瓶子,把它颠倒过来放到水盆里去。最后更把左手抽去,那瓶子就倒立在水中,没有流出一滴水来。

爱弥儿看了保罗叔的简单的方法欢喜地说:"保罗叔,你真聪明,你对于什么事都有办法!"

"我们总要有一点机智和技巧。孩子,否则我们怎能用这些简陋的器械,来做各种精密的实验呢?"

不上几分钟,爱弥儿已在那瓶子里吹满了他的气息。接着,裘尔斯也照样试验了一次,然后叔父说道:

"杯子中和瓶子中的水,为什么高起在盆中水平面的上方,而不会流下来呢?关于这个原因现在我应该说一说明白。不过此刻我只能简略地说说,因为详细的说明是物理学方面的事,逸出了化学的范围了。

"我告诉你们,空气是可以和其他物质一样地衡量的,至于它的重量,我已经说过,每一升约为1.293克。这个重量的数目虽微小,然而地面上的空气有45哩,这些空气若是一升一升计算起来,却就可观了。大气既然有重量，势必把所有的重量从上、下、左、右各方面压到沉浸在其中的物品上去。例如，它压到盆子的水平面上，这压力又由液体的传达而及于瓶口，把瓶子里的水托住，使它高起在水平面以上。

"我可以告诉你们一个很奇异的实验，使你们相信这种事实。在一个瓶子里注满了水，用一张潮湿的纸贴在瓶口，然后一手揿住了瓶口的纸，一手把瓶子颠倒过来。这时即使把揿住瓶口的手移去，也不会流下一滴水来，这是因为大气的压力从下方把瓶里的水托住了的缘故。至于瓶口的湿纸，只是阻隔空气的窜入，以免整个的液体被粉碎而流下来罢了。"

孩子们好奇地问："我们可以做这个实验吗？"

"当然可以，我们立刻就做吧！这里有瓶、纸、水，所有的用品统统完全。"

保罗叔在瓶子里注满了水，将打湿了的纸贴在瓶口，然后右手拿住瓶底，左手揿住湿纸，小心地把瓶子颠倒过来，并把左手移去，果然一滴水也不会漏出来。

爱弥儿看得呆了，他说："奇怪啊！这张湿纸并没有把瓶口塞住，为什么不会流下水来呢！但不知这样能支持多少时候？"

"只要你有耐心拿住这瓶底，它就永远不会流下来。"

"但是这瓶子里的水是不是时时刻刻有压下来的趋向呢？"

"是的，它时时刻刻要压下来，只是大气的压力比水的压力大，所以将它托住了。"

"假使我们把那张湿纸抽去了呢？"

"那么，这些水就立马流下来了。瓶口的湿纸是用以隔绝水和空气的流通的。有了这纸，水不会溜到空气中去，空气也不会钻进水里来。否则一去一来，正好让空气占据了瓶中水的位置，而把它完全挤了出来。譬如，用两根铁棒头对头地推起来，当然阻力极大，各不相让。我们用湿纸来隔在水与空气之间，便是为此。但是，如果这两根铁棒被做成了两束极细的针，然后头对头推起来，就将交互地穿插着，像没有湿纸隔开的水与空气一样了。

"再说我们方才捕集气息用的瓶子，当它倒立在水盆里的时候，其中所盛满的水为空气的压力所托住，能高出水平面以上，而不致流下来。现在假使用一只极高的容器来代替这瓶子。譬如，用根极长的一端封口的玻璃管，盛满了水，倒立在水盆里，试问这容器是否还能把其中的水支持在水平面以上？回答是，不可能。这玻璃管的高度如果只有约10尺[1] 光景，其中的水还不致流下来，但是越出了这高度，则在10尺以上的部分就会变成空气。因为大气的压力只能支持10尺高的水柱的重，若水柱的高度超过了10尺它就抵挡不住了。我们此刻所用的容器，它们的高度都远在10尺以下，所以是决不会流下来的。"

"最后我还要告诉你们将气体从甲容器移置于乙容器的方法，现在我就用我们吐出的气息来实验罢。我先照前法在甲杯里吹满了气，再用乙杯盛满了水，倒置在水盆中，使杯口刚刚没入水平面以下，然后将甲杯横下来，使它的杯口适在乙杯的杯口下，于是甲杯中的气体继续逸出，变成水泡而升入

1.10尺=3.33333333333米（编者注）

乙杯中。"

"你们总知道，移注液体，例如斟酒是用漏斗的。移置气体有时候也用漏斗，不过化学上的漏斗，因为常与有腐蚀性的各种液体相接触，所以是用抵抗力极强的玻璃来做的。现在我们单单移置气体，所以仅用普通的洋铁皮漏斗也行了，不过我们若是能够备一只玻璃的漏斗，那当然更好，更适合于化学的学习。并且，玻璃有一个优点，为洋铁皮所没有的，即玻璃是透明的，我们可以在外边见漏斗中所起的变化。

"要把任何容器中的气体移置于狭口的长颈瓶中，漏斗是必要的用具。当然，这移置也得在水底下举行。其法，先在瓶中注满了水，倒立在水盆中，再用一只手将漏斗自水下插入瓶口，然后照上法行之，使原容器中的气体变成水泡，经过漏斗而入于瓶中。

"好了，今天就讲到这里为止。现在你们可以自己来练习这种实验了。试把你们的气息捕集在一只杯子里，把这杯子里的气体移置于另一容器或倒立的长颈瓶中，练练你们的手法。我不久将需要你们的帮助呢！"

第七章　空气的实验

保罗叔拿了一只极深的碟子，在碟子的中央用蜡泪[1]来黏立着一支洋烛。接着他点着了烛芯，用一个无色广口的大玻璃瓶来罩在上面。然后他在碟子里满满地注了些水。

在这时候，孩子们莫名其妙地看着他，互相窃窃私语，不知道他要做怎样的实验。但是他们迟疑不久，保罗叔已经统统预备好了，他说："瓶子里放着的是什么东西？"

1.蜡泪：蜡油顺着点燃的蜡烛向下流淌，状如流泪。（编者注）

爱弥儿说："是一支点着了的洋烛。"

"此外没有了吗？"

"没有了。除了洋烛外我不看见什么东西。"

"你们不记得有些东西是我们不能够看见的吗？你们必须用脑筋来想，不要单用眼睛来看。"

爱弥儿给保罗叔一说，觉得难为情起来，但是他实在想不出这不可见的东西是什么。这时候裘尔斯却回答道："在这瓶子中燃着洋烛的地方，还有空气哩。"

爱弥儿道："但是保罗叔没有放进空气去啊。"

叔父道："这用得着放进去吗？这瓶子是已充满着空气的。我们所用的一切器皿，如杯瓶壶罐以及各种容器，全都沉浸在大气里面，全都充满着空气，正如一个没有木塞的瓶子放在水当中一样。酒瓶中的酒倒完了最后的一滴，我们说瓶子已经空了。但是严格地说可以称为空吗？那当然是不可以的，因为其中从瓶底到瓶顶都有空气充满着。占据了原来的酒的地位。所以普通所谓空的东西，实在都是不空的。至于要造成真的所谓空，事虽可能，却非用适当的用具不可。"

裘尔斯道："你是说空气唧筒吗？"

"是的，正是空气唧筒，它可以将密闭的容器中的空气抽出来放逐到外边的大气中。但是我这瓶子不用空气唧筒抽过，其中还是充满着和在我们四周的一样的空气。所以这洋烛是在瓶内的空气中燃烧着。现在，我为什么用水来注满这瓶子呢？理由是这样，瓶中的空气是我要来做某种实验并借以研究它的性质的，所以我们必须把这空气密闭在一个容器里，使其与大气中的其余空气相隔离，否则，就无由完成这个实验。而且，我们所实验的空气究竟是大气中的哪一部分，也无从知道了。单是这倒立的瓶子，是不能够造成完整的隔离的，因为在瓶口和碟底之间，常常留着极细小的隙缝，因此瓶内外的空气依旧能够自由出入。要防止这种缺点，只有把这些隙缝一一塞住，碟中注水，便是这个缘故。这水不但为隔离瓶内外空气之用，同时还可以作为瓶中所起作用的一个指示计。现在你们且看着瓶中所起的作用吧。"

瓶中的洋烛本来很明亮地燃着，像在大气中一样。但是不久后火焰渐渐暗起来，短起来，接着左右摇曳，发出黑沉沉的烟雾，终至完全熄灭。

爱弥儿叫道："看啊! 这烛火没有人去吹它，却自己熄灭了。"

"且慢，爱弥儿，关于这些我立刻就要讲到了。你们且先睁眼看看碟子中的水，就是我方才所说的指示计起了什么变化?"

爱弥儿和裘尔斯小心地注乱着，只见那水渐渐向瓶口上升，差不多把瓶颈部分的空气完全占据了。

于是保罗叔说："现在你们尽管发问吧! "

爱弥儿道："我有一个疑问，请你解释。你要熄灭一个烛火，你得对着那火焰吹一口气。但是此刻我们不曾吹灭它，即使要吹灭它，也因为有瓶子罩住无法吹在火焰上。况且此刻又没有风，即使有风，也吹不进瓶子里去。那么，这好好地燃着的火焰，为什么会渐渐暗起来，小起来，终至完全熄灭呢? "

裘尔斯插口道："我也有一些疑问。起初这瓶子里充满着空气，但是现在瓶口一部分的空气却被碟子中升上来的水所占据了。我不明白这瓶口一部分的空气怎样会消失，并且它们此刻在什么地方。要是你不解释给我们听，我一定要说这里一部分的空气是被烛火所消灭了。"

"让我们先来注意裘尔斯所提出的问题吧，因为解决了这个问题，爱弥儿的问题就容易知道了。瓶子中的气体已经消失了一部分，这观察是不错的，水的上升是一个有力的证明。不过这一部分的空气虽然消失，却不能说它是消灭了。我们若仔细研究，就可发现这好像是缺少的气体，实在已经变成了别的东西。

"我以前曾经说过，热和光差不多是几种不同的物质结合而来，所谓化学反应的一种符号。"

裘尔斯道："我记得，你把它称为祝颂化学结婚的灯彩。难道像这样的结婚，能够在瓶子中举行吗？"

"能够，这火焰极热，发出光亮。可知那里是发生化学反应，因而产生这热与光。那么，发生化学反应的是什么物质呢？其中的一种，显然来自被烛芯的热所熔化的烛脂；另一种物质的来源只有空气，因为在这瓶子里，除了烛与空气外，更无他物。从这一个化学反应，产生了一种新东西，这东西既不是烛脂，也不是空气，而其性质也与烛脂和空气完全不同。由这样生成的物质是一种不可见的，和空气一样，所以我们不能够看见它。"

裘尔斯反诘道："假使烛脂和空气合拢来造成了一种新的气体，那么，这新气体就该占住消失了的空气的原来位置，而这瓶子也应该和以前一样地充满。然而事实上并不如此，碟子中的水升入了瓶口，这又是什么缘故呢？"

"且慢，我们就要说到了。我们所说的那化合物，是极易溶解在水中的，正如糖和食盐极易溶解在水中一样。糖和食盐一经溶解在水中，便即消失不见，我们所能指出它们存在的证据，只有水中的甜味或咸味。同样，方才由烛焰所产生的气体也跑入水中，和它结合在一起了。你们在暑天喝的汽水（荷兰水），便是一种溶有气体的液体，不过这种液体中所溶的气体极多，多得简直不能够再多，所以在开瓶盖及倾注的时候，一经震动，那些溶解着的气体就变成气泡，争先恐后逸出，而无法制止。奇怪的是汽水中的气体和烛焰所制成的气体是完全同样的。对于这个有趣的题目，此刻我无暇细讲，且待过几天再说吧。

"由烛脂和空气所生成的物质，既然溶解在水中，当然要留下了一些空位。于是碟子中的水受着大气的压力，就上升到瓶颈，占据着这空位。所以从水上升的高度，可以看出消失的空气的容量。"

　　爱弥儿说："这水升得并不高，你看只与瓶颈相齐。"

　　"那就表示为烛焰所烧掉的空气极少，假定瓶子中上升的水占着全瓶容量的1/10，那就表示烛焰烧掉了的空气为全瓶容量的1/10。"

　　"瓶子中既然还留着许多的空气，那么，这烛焰为什么不将这些空气统统烧尽呢？我不懂此刻瓶子里的空气和方才瓶子里的空气有什么不同。它还是透明的，不可见的，没有一点烟雾。"

　　"好，让我来回答你的问题吧。为什么这烛火不吹会熄？烛焰的发生，是由于烛脂和空气中的某种气体发生化学反应。烛脂和空气对于火焰的产生，同样的重要。如果两者缺一，火焰便会熄灭。关于烛脂的必要，是显而易见的，没有燃料就没有火焰。但是对于空气的必要，你们也许要产生疑问。不过你们看了方才的实验，当可由此推想得出来，即烛火的不吹自熄，一定是因为缺少了什么东西。"

　　"这个道理我懂得了。既然没有人去吹它，并且又没有风，当然是由于缺少了什么东西。那么，这所缺的是什么呢？"

　　"所缺的必定是空气，因为这瓶子里本来只有空气一种东西。而且欲使火焰继续燃烧，空气是必不可缺的。"

　　"但是这瓶子里依然有着空气啊，而且有很多，比方才少不了多少。"

　　"这话固然不错，但是你且听我说。空气不只是一种物质，而是由好几种不可见的气体物质混合而成的，不过占空气全体分量最多的却只有两种。其中的一种能够帮助火焰燃烧，分量比较少；另一种不能够帮助火焰燃烧，分量却比较多。所以当瓶子里的前一种气体缺少了以后，那火焰就跟着熄灭了。"

　　裘尔斯道："我现在已完全明白。火焰的熄灭，是因为没有了那能够助燃的气体之故。这气体和燃烧着的烛脂发生化学反应以后，就变成另一种不可见的气体，溶解在水里，同时碟子中的水即升入瓶中，占据了它的空位。现在这瓶子里所留存的只有那种不助燃的气体，于是烛焰的燃烧就当然地停止了。"

"你这解释也对，不过还得略加修正。烛焰的力量并不能把所有的助燃气体完全用尽，实际上瓶子里还略有剩余，不过所余的分量太少，不能使烛火继续燃着罢了。过几天，我们将要想办法来将这剩余的助燃气体也完全除去，不过此刻，我们只能做到这样为止。"

爱弥儿说："现在，我们如果再点一个烛火来放进这瓶子里去，是不是会熄灭的？"

"当然会熄灭，而且熄灭得很快，差不多和浸入水中一样。先前的烛火既然会熄灭，再放进一个烛火去，你怎么能希望它会燃着呢？"

"不过我总想试试看。"

"好，试试看当然可以。"

说着，保罗叔拿了个洋烛头，插在一根弯成钩状的铁丝上。然后，他左手提起瓶子，右手没入水中掩住瓶口，小心地把水拿出来直立在桌子上，同时即将掩住瓶口的右手撤去。

爱弥儿见了说："你把手拿开了，瓶中的气体不会逃出来吗？"

叔父道："不会逃出来，因为这种气体和空气一样重。要是你不放心，那么，我们就用这个做盖子吧。"

这所谓的盖子是一块从窗上打下来的碎玻璃。保罗叔说着随手拿起来把它盖在瓶口。

他说："好了，现在让我们进行实验吧。"

于是他点着了那插在铁丝上的洋烛头，待其点燃后，就揭去瓶口的玻璃，轻轻地把它伸入瓶中，只见那烛火立刻熄灭了。再试一次，结果也是如此。

"好，现在你相信不相信？你且自己去试试看，经了自己的试验，你总可满意了。"

爱弥儿拿起洋烛头来开始实验，他把烛火轻轻地伸入瓶子里去，非常小心，非常缓慢，以为这样总可以使它不致熄灭。不料，结果却完全无效。他用心地试验过好几次，但每次都失败了。

爱弥儿觉得有点厌倦起来，便说："烛火伸到那里去固然不能燃着，但是这和瓶子也许有一点关系吧？瓶子太小，没有足够的空间，这可不可以说是烛火熄灭的原因呢？"

"那是一个必然的疑问，但是我立刻可以给你解释明白。你看，这一个瓶子和方才的瓶子一样大小，形状也一样，其中充满着和我们四周的一样的空气。现在你试用这个瓶子来再做方才的实验罢。"

爱弥儿将烛火伸入瓶中，只见它好好地烧着，并不熄灭，正如在空气中一样。无论你伸得快或伸得慢，伸在瓶口或伸到瓶底，总像点在瓶外边的一样。他试验第一个瓶子的屡次失败和他试验第二个瓶子的屡次成功，使他把所有的疑团完全解决了。

他说:"我没有疑问了。我已经明白第一个瓶子里的空气经了烛火一次燃过后,已不能再使烛火燃着了。"

"那么,你已经信服了?"

"是的,我信服了。"

"那么,我再来说下去吧。从上面的实验,可以得到一个结论:空气的大部分是由两种气体组合成的[1],这两种气体都是无色的,不可见的,但是它们的性质却各不相同。那种分量较少的气体能使烛焰旺盛,燃烧猛烈;另一种分量较多的气体却不能使烛焰旺盛,燃烧猛烈。我们把第一种叫作'氧',把第二种叫作'氮'。它们都是单物质,都是非金属。至于空气,则是这两种气体的混合物,所以我们不能像从前人那样地称它为元素。空气被证明不是元素而是混合物,这还是不满两百年的事。"

裘尔斯道:"用烛火放入倒立在水中的瓶子里燃烧,是非常简单的事,为什么从前人都不知道用这个方法来研究空气呢?"

"方法固然简单,但是你要想出这个简单的方法来,却就难了。"

1.空气主要由78%的氮气、21%的氧气、0.94%的稀有气体,0.03%的二氧化碳,0.03%的其他杂质组成。(编者注)

第八章　续空气的实验

　　"我们方才所做的实验,把洋烛放在倒立于水盆中的瓶子里燃烧,过程既很简单,所需的用具又极易置备。但可惜这并不是一个完全的实验。它告诉我们空气由两种不同的气体所组成,一种叫作氧,能够使火焰旺盛;另一种叫作氮,不能够使火焰旺盛。但是它并不告诉我们其中有多少分量的氧,有多少分量的氮,因为烛火熄灭后所剩余的气体并不是纯粹的氮,却依旧含着相当分量的氧。

　　"洋烛的火焰是极柔弱的,只要经微风一吹,便即熄灭。它在瓶子里虽则受不到气流,但是由于柔弱,就无法摄取瓶中全部的氧。所以当氧逐渐稀少时,火焰也逐渐黯澹,而终至完全熄灭。我们可以把烛焰比之一个食量小的客人,他把面前的一餐饭菜吃剩了许多。因此,我们若要做一个完全的实验,我们就得找一个食量大的客人,他能够把面前的一餐饭菜吃个精光;只剩下那些不能吃的骨头。换句话说就是,我们得找一种燃烧猛烈的燃料,能够摄尽瓶中全部的氧,只剩下那些无用的氮。

　　"那么,这燃料是什么呢?是煤吧?不是的。实际上煤还比不上烛脂,因为洋烛是一点就着的,而煤却需要引火物,燃着后,还得时时通送空气,所以我们不能用它做这个实验。是硫黄吧? 的确, 硫黄摄取氧的力量极大, 一经着火, 便猛烈地燃烧。但是它也有一个缺点, 就是它燃烧时会放出一种难闻的气体。若是我们手头没有更好的燃料, 我们就不妨用它来做这个实验。现在我且问你们, 在红头火柴的头上, 除了那种助燃的物质外还有一种易燃的是什么东西? "

两个孩子一齐回答道: "磷! 磷! "

"是的, 是磷! 磷是一种极易燃烧的物质, 只要略略摩擦, 便能发火而燃, 其燃烧能力之强, 简直没有别的物质可以和它比拟。这磷才是我们要找的食量最大的客人。在没有实验之前, 让我们把它的性质知道清楚。对于磷, 你们是不大熟悉的, 你们以前只在红头火柴的头上看见过。"

爱弥儿道: "你为什么屡次只说红头火柴呢? 难道黑头火柴不是用磷来做的吗? "

"这是因为黑头火柴所用的磷和红头火柴所用的磷不同, 红头火柴所用的磷是普通的磷, 色黄, 叫作'黄磷', 也就是我们要用来做试验的磷。黑头火柴所用的磷却是一种比较不活泼的变态的磷, 色红, 叫作'红磷'。关于这红磷, 我们不久就可说到。普通的磷本为黄色的蜡状体, 红头火柴之所以呈红色, 是由于制造者掺入了一种红色颜料的缘故。红头火柴中除了黄磷和颜料以外, 还有助燃物质以及树胶等东西, 所以你们所见的磷都不是纯粹的磷, 现在我可以拿出一些纯粹的磷来给你们看。

"前些日子我有事往城里去, 就顺便买了些我们实验室中所必需的东西。所谓实验室, 让我替你们解释一下, 是一处做科学研究的地方, 也就是科学家的工厂。我们的工厂虽然简陋, 但总得有一点设备——即用具和用品, 否则只有一双空手, 能做得出什么事来? 我们单凭一张嘴空谈化学是不行的。我要给你们事实, 使你们能亲眼看见, 给你们实物, 使你们能摸触尝嗅, 因为这是学习的唯一方法。

　　"铁匠没有了他的铁钳和锤子，他就什么事都不能做。同样，化学家的实验室里没有了各种的器械和药品，也就无法作业。因此，这些东西我们必须慢慢地购置起来，只是你们叔父的财力不很充裕，事实上只能添置些必不可缺的东西。好在逢着困难的时候，筹划如何利用日常用品，如何避免复杂工具，顺便练习练习头脑，也不是无益的事。我们的水盆，旧瓶子，玻璃杯，不是一样可以做实验吗？而且所得的成绩，就是在大规模的实验室里做起来，也不过如此。所以此后我们不妨照着这个办法去做。如果你们有一天进了真的实验室，你们一定乐于回想起你们叔父的贫乏的设备哩！

　　"但有时候，我们的困难也许无法解决，到了这种时候，并且只有在这种时候，我们才去购置那种必需的东西。题外的话已说得多了，现在我们且再来谈磷。"

　　保罗叔于是拿出一个盛水的瓶子来放在他侄子们的面前，水中有着一条条像小指般的黄色物质。

　　他说："这是纯粹的磷，是略带黄色的半透明体，很像蜂房中的蜡。"

　　裴尔斯问："你为什么把它放在水中？"

　　"这是因为磷在空气中极易发火，只要极微的热便可使它着火而燃。"

　　"那么，红头火柴中的磷为什么在空气中不会着起来呢？你至少也得把它摩擦一下。"

　　"我早已告诉过你们，红头火柴中的磷并不是纯粹的磷，其中还混合着树胶、颜料等东西，所以它的可燃性就减弱了。不过在酷热的时候，它也极容易着火，爱弥儿前回说起灼伤手指的事，便是一个明证。这实在是红头火柴的缺点之一，近年来市上大都改用黑头火柴，便是这个缘故。黑头火柴中所用的磷，我已经讲过，是一种比较不活泼的红磷，在空气中不会自己着火。并且黑头火柴所用的磷并不在火柴的头上，却在火柴匣旁边的樱色的摩擦面上，所以这种火柴在别的地方摩擦起来不能够发火，因此人家叫它'安全火柴'。"

爱弥儿问："普通的磷既然极易着火，那么，放在水中为什么就不易着火呢？"

"你怎么把我昨天告诉你们的话忘记了？着火的条件必须有两种物质，一为可燃物质，一为助燃物质。所谓助燃物质实在就是空气中所含的氧。当这两种物质化合时，便起燃烧的现象。在没有空气的地方，也就是没有氧的地方，无论那燃料如何易燃，燃烧是断然不会起来的，我把磷放在水中，便是使它和空气相隔离，而不让它自动地燃烧起来。

"不错，我还得告诉你们几句话：被燃磷所灼伤是一件极危险、极痛楚的事，比炽炭热铁所引起的苦痛更为厉害，更为长久。因此，你们对于这可怕的东西切不可去随便玩弄。若是为求知起见，要拿它来做实验品，你们就该万分地小心。

"并且我之所以要这样地再三叮嘱你们，不只是为了失火和灼伤等危险。此外，还有另一种危害，你们更须当心。你们须知磷是一种毒药，只要吃了极少的分量，便足以致命。你们应该把它看作一个有深仇的敌人，要时时刻刻提防着它的攻击才好。

"现在我可以告诉你们，如何用磷来显示出空气的组成。我们必须用少量的磷，放在与大气隔绝的某定量空气中燃烧起来。我们在这个实验中所用的容器是要大一些的，使器壁不至于直接受着火焰的高热而突然暴烈。若在不得已的时候，那么，一个盛糖果的大广口瓶也可以用，但是我此刻预备的那个玻璃罩，则是我新从药房里买来的，这个当然比普通瓶子更合用。我希望你们用的时候要留一点心，因为这在我们的实验室里是一种极有用的器具，你们看，这是一个无色的玻璃筒，上面有一个圆形的顶和一个便于携取的小玻璃球，因像一只钟，所以它的名字又叫钟形罩。

"现在我们就进行我们的实验吧。燃磷这实验仍须在水面上举行，因为这样才能使罩内的空气和罩外的大气相隔绝。因此我们只好把磷放在一片小木块或任何能浮的物件上，使它浮在水面。不过我们若把磷直接放在木块上，一定会把木块烧毁，所以在磷和木块之间还须垫一些不能燃烧的东西，我们所用的乃是一个瓦罐的碎片。现在所有的准备统统完全了。

"第一我们得切下片磷来。磷很柔软，差不多和固体蜡的硬度相同，只是切起来却须十分留心，是将它暴露在空气中，则略经刀子的磨据，便会发火，而引起重大的灼伤。所以拿磷须用指尖，须要快速，切磷须在水中举行。现在你们且看着我。"

保罗叔伸进两个手指到瓶里去，急速地撮出一条磷来，同时开着一种强烈的大蒜气息，并看见一阵阵淡淡的白光。后来保罗叔告诉他们，这大蒜的气息便是磷的特有臭味，这白烟若在暗的地方看起来，可以见到它能够发光。再说，那块磷一拿出瓶子，便被投入水中，保罗叔就在水底下切了像两颗豌豆，那么大的一粒。然后他把这一粒磷放在瓦片里，把瓦片放在一块木块上，把木块浮在水面，于是再点着磷，并将钟形罩罩住。

现在罩内的磷猛烈地燃烧起来了，火焰怒发，光耀夺目。一阵阵的白烟从燃烧处发生出来，把罩内的气体变成乳色。同时盆中的水升入罩内，于是保罗叔不得不立刻加水，使盆中的水不致被吃干而窜入空气。罩内的白烟越来越浓，终至把火光完全遮住，只能偶然地一见，正如密云中的电光一样。但是到了后来，火光的闪烁渐次少见，渐次暗淡了，接着火焰就完全熄灭。

保罗叔便说："好了，这一小块的磷已经把罩内所有空气中的氧完全用尽，只剩下那些不能助燃的氮了。至于这磷的自身却并没有烧完，等白烟减退后你们自会看见。趁这个空暇，我要和你们谈谈这白烟。这白烟是从燃烧着的磷里发出来的，也就是从磷和空气中的氧的化合中发出来的。为了这化合作用，所以伴着发生光和热。关于这热，将来你们只要摸一摸那瓦片就可知道。这些白烟极易溶解于水，所以罩内就留出空位，而让盆中的水渐渐升起来填充它。我们知道白烟是磷和氧的化合物，所以白烟中含着氧，而白烟的消失也就是氧的消失。因此我们从水上升的量，就可推知罩内空气中所含的氧的量。要等这白烟完全溶解总共需20～30分钟，但是若把罩内的水小心地加以振荡，可以立刻就使这些白烟完全消失。"

说着，保罗叔就把钟形罩里的水小心地振荡了几次，就见罩内渐渐清楚起来，并且恢复了原来的透明状态，同时看见碎瓦片上的残余的磷。不过此刻的磷已变成红色，并且因为曾经被热所熔融过，所以都流散在瓦片上，骤然看来，差不多认不出是磷了。然后保罗叔又把钟形罩略加倾斜，使木块浮在一边，将它从水底下连瓦片残磷一同拿了出来。

他说："这烧残了的东西虽然因热而变成红色，它的本质却依旧是磷。我方才不是告诉你们，黑头火柴是用红磷来做的吗？所谓红磷便是这种东西。它和黄磷的区别，除了形状和颜色外，在性质方面也有不同。黄磷比较活泼，在空气中能够自燃；红磷比较安静，在空气中非得高热，才能燃烧。说一个比喻，前者好像是一个敢作敢为的健康的人，后者好像是一个精神萎靡的害病的人。"

保罗叔说着，就拿着瓦片上的红磷叫孩子们一同到园子里去，使实验时发出来的毒气（即白烟）容易散开。在一块石子上，叔父将瓦片放下，然后用火柴一点，既而它发光而燃，放出和罩子里一样的白烟。这证明了残留下来的东西的确依然是磷。

待所有的磷完全燃尽，叔父便又进来接着讲道，"钟形罩里的燃烧之所以中途停止，不是由于缺乏可燃物质，便是由于缺乏助燃物质。现在为可燃物质的磷既然被证明还有剩余，那么，所缺的当然是为助燃物质的氧。因此现在钟形罩里剩下来的就只有不助燃的氮了（实际上其中还有着水蒸气和别种气体，因为含量极少故不计在内）。

"磷的实验和洋烛的实验一样地告诉我们：空气中含着两种气体，一种是助燃的氧，一种是不助燃的氮。不过磷的实验又告诉我们这两种气体在大气中所含的量，我们的钟形罩是呈圆筒形的。假使我们把它的高度分为同样长短的五格，那么，这每一格的容量或体积不用说是相等的。现在我们看见升到罩子里来代替氧的位置的水占着全体高度的1/5，而剩下来的氮占着全体高度的4/5。因此，在我们周围的空气中，所含的氮恰为其中所含的氧的4倍。换句话说，就是在5升的空气中大约有1升的氧和4升的氮。

"今天的功课，就至此为止。明天我将要另外做一个实验，不过这个实验须要两只活的麻雀。你们快去把捕机预备好，以便明晨捕捉。不过我必须叮嘱你们，切勿去捉捕一种吃害虫的鸟，因为这些鸟是于农作物有益的。但是我准许你们去捉那种专喜啄食谷粒和幼苗的麻雀，因为这些鸟是于农作物有害的。"

第九章　两只麻雀

两只麻雀已经被捉住了，在笼子里活泼地跳跃着。孩子们把这笼子拿到他们的叔父跟前，热切地想知道他将要用来做些什么实验。他们对于这样的一种功课感到有无限的兴趣，差不多把它看作游戏一样。同时叔父也非常高兴，因为他以为无论学习何种功课，若要进步，就非对于所学习的东西感到有趣味不可。

他说："从昨天的实验，我们知道在这钟形罩里所剩下来的气体完全是不助燃的氮。你们单用眼睛来看，好像它是和空气同样的东西，然而你们若是去检查它的性质，就可知道它和空气是完全不同的。在这种气体中，任何东西都不能燃烧，由昨天的实验看来，这是很明显的事。当时钟形罩里剩下了许多的磷，这些磷已不能再在这罩子里燃烧，但是后来我们把这剩下来的磷，拿到空气中，却又能重新燃烧，可见罩子里的本来能够助燃的气体已经完全消失了。但是空气中的助燃气体是用之不尽，取之不竭的，所以磷在空气中能够烧到一点都不剩。

"我们知道磷是一种最容易燃烧的物质，现在，既然连磷都不能在这罩子里燃烧，那么，其他不容易燃烧的物质怎么能在这罩子里燃烧起来呢？"

裴尔斯道："那是当然的事，易燃的尚且燃不起来，不易燃的自然更加燃不起来。那么，任何火焰一经插入这种气体，是你所谓的氮，是否立刻会熄灭？"

"当然，无论哪一种燃烧着的物质，一经插入这种气体，就立刻熄灭了。"

"这和洋烛不能在瓶子里继续燃烧一样吗？"

"一样虽一样，但情形却略有不同。我已经说过烛焰没有用尽空气中全部的氧能力。将洋烛放入倒立在水中的瓶子里燃烧，烛火熄灭后所剩下的气体并不是纯粹的氮，其中还混合着少量的氧，这少量的氧已不能帮助任何烛火燃烧。关于这一个事实，已由爱弥儿的实验确实地证明了。但是一种比洋烛更易燃烧的物质，譬如磷，却还能在这种气体中燃烧片刻。"

裴尔斯道："那么，我可以这样说磷对于氧的食量比洋烛大，所以它把洋烛吃剩下来的残氧都吃光了。"

"是的，这是一个很好的比喻。总之，只要这气体中混杂着氧，磷就一定饕餮（tāo tiè）[1] 般地把这些氧吃个精光，若是气体中没有氧，那么，它就只好一动不动地闭上了嘴，换句话就是不起燃烧的作用。"

爱弥儿道："说是已经说得够明白了，但是我以为最好还要用实验来证明。"

叔父答道："这个实验我本来要做，不过我们第一得把钟形罩里的气体移一点到广口瓶塞去，使易于实验。我以前曾经告诉过你们移置气体的方法，现在趁此机会，你们正好来实习一下。我们放钟形罩的盆子太小太浅，所以我们要利用那只满盛着水的大木桶。"

保罗叔说着，就把钟形罩连同盆子一齐拿到木桶里去，当钟形罩的底边

1.饕餮：传说中的贪食的恶兽。这里指贪婪地吞食。（编者注）

一没入水中，他就把盆子抽出。一个盛满了水的广口瓶倒没在水中，瓶口刚在水平面以下，裘尔斯执住。叔父将钟形罩略为倾侧，罩内的气体就渐渐升入广口瓶而将它充满了。然后他再用盆子来衬在钟形罩的底下，把它放回到桌子上去。最后他又用手掌来撤住了广口瓶的口，把它颠倒过来，直立在桌子上，随即撤去手掌而用一块玻璃来盖住瓶口，以免外界空气的窜入。

保罗叔道："这个广口瓶里已充满着氮，现在我们先来试哪一种？硫黄，磷，还是洋烛？"

爱弥儿提议说："我们从比较不容易燃烧的物质试起吧，我们先来试洋烛。"

一个点着了火的洋烛头被插在弯曲的铁丝上慢慢地伸到瓶子里去，当烛焰一到瓶口，就突然熄灭了，连烛芯上的火星也没有片刻的残延。如果我们把烛火没到水里去，其熄灭之快也不过如此。

爱弥儿叫道："这比我们上一次的实验熄灭得更快了。在上一次的实验中，那烛焰还有片刻的残延，它总须深入瓶中才会熄灭，而且在烛焰熄灭后，暂时烛芯上还留着红色的火星，但是今天的实验却完全不同。当洋烛头一伸进瓶口时，火焰与火星就同时消灭了。好，我们再来试试磷看。"

"你们看着吧，磷在这瓶子里也不会燃烧起来。"

以前用过的那片碎瓦片，依旧用来做盛磷的杯子。一根细铁丝，一端弯成了圆形，将瓦片放入。于是把磷燃着了，将铁丝插入含氮的瓶中，果然见那燃着的磷立刻就熄灭了。

爱弥儿还以为硫黄极易燃烧，也许它能够在这瓶子里继续发火，但实验下来却知道它和洋烛与磷熄灭得一样快。

保罗叔道："现在不用再试了，结果总是一样。一般情况下，除了镁任何东西都不能在氮中燃烧，换句话说，通常氮是不助燃的。

"现在我们要用着那两只麻雀了，对于它们在化学学习上的用处，你们至今还没有知道呢! 它们会告诉我们一些很有趣的事。第一, 我们必须先来更换一瓶氮, 因为瓶子里本来的气体, 曾经和磷, 硫, 烛脂等接触过, 不能确定它是纯粹的。因此, 我们要把瓶子里本来的气体出空, 然后再从钟形罩里移过一些纯粹的氮来。但是这操作该是怎样的呢? "

爱弥儿不假思索地答道: "要出空[1] 那瓶子, 只要把瓶子颠倒过来就行了。"

叔父道: "但是瓶子里的气体几乎是和空气一样重的。要是我们想倒过瓶子来, 出空其中的气体, 结果一定会失败。"

"喔, 我没有想到这一层。那么, 我们对着瓶子用力地吹, 该可把瓶子里的气体赶出来了吧? "

"可以是可以的, 不过我们怎样知道这瓶子里的气体已经完全赶尽了呢? 它出来, 我们看不见; 它进去, 我们也看不见。而且, 你用嘴来吹, 不过把本来的气体换以另一种气体, 你呼出的气息罢了, 但是你的气息也是不容易赶走的, 于是只好再用嘴来吹, 这样吹了再吹, 吹了再吹, 永无止境, 也就是永远不能把瓶子里的气体赶走。"

"真的, 不想的时候觉得很容易, 越想就越觉得繁难了。裘尔斯对于这事没有开过口, 大概也不见得会知道吧! "

裘尔斯说: "我承认我不知道。这虽是一件小事, 我却简直想不出法子来。"

"你们不要费心思了, 且看着我吧。"

叔父拿起瓶子来往水桶里一沉, 瓶子里立刻就充满了水。

"现在这瓶子里的气体已经完全被赶走了。"

孩子们齐声说: "是的, 不过现在瓶子里依旧充满着水。"

"那是没有什么关系的。我们方才从钟形罩里移注第一瓶气体时, 瓶子

1.出空: 全部去掉。(编者注)

里不也是充满着水的吗？”

“啊，原来是这样的吗！这是再容易没有了。难就难在想不出来，正如你昨天所说的话。”

保罗叔道：“此刻我又想起了一件事，应该对你们说一说。为要明了各处地方的空气组成是否一致起见，从前的飞行家与旅行家有时候常把他们所到的地方的空气拿回来试验。他们用怎样的方法从各处地方，譬如高山的顶上，飞行家所达到的空中，捕集空气的样品来呢？他们怎样决定这空气确是从某高山上捕集来的，或确是从若干尺的高空中捕集来的呢？他们就是利用了我方才赶走氮的方法。他们预先带好了一瓶水，到了要捕集空气样品的地方，才把瓶里的水倒出，于是那处地方的空气就在液体流出的当时跑进瓶子里去了。然后将瓶子用木塞塞住，便可以把这看不见的物质安全地带回来。

“现在我们要来做用得着麻雀的实验了。我依前回的方法，再从钟形罩里移过来一满瓶的氮来。又用同样大小的充满着空气的瓶子放在前一瓶的旁边。在两个瓶子的口边各盖了一片玻璃。从这两个瓶子的外观看来，好像瓶子里的东西并没有什么分别，每一瓶都是透明的，每一瓶都是不可见的。现在我要把这两只麻雀分放在这两个瓶子里。但是我先要问爱弥儿：要是他做了麻雀，他愿意住在盛空气的瓶里呢？还是住在盛氮的瓶里？”

爱弥儿答道：“要是一周以前，我要说随便住在哪一个瓶子里都好。因为这两个瓶子里的东西看起来并没有什么分别。不过现在老实说，我对于这种不可见的东西觉得有些可怕。那种灭火的氮是有些靠不住的。对于氮我什么都不知道，但对于空气我却略有一点明白，所以我比较信托空气而不信托氮。本此理由，若是我做了麻雀，我就情愿住在盛空气的瓶子里。”

"你讲得不错，你们不久就可知道这一回事了。"

从笼子里将麻雀取出，一只放在盛空气的瓶里，一只放在盛氮的瓶里。瓶口各盖了一块玻璃，把瓶中的气体密闭在内。两个少年好奇地注视着那瓶子，好奇地看着那里会有什么事发生。在盛满空气的瓶子里并没有发生特别的事。麻雀拍着翅膀，啄着那透光而跑不过的奇异瓶壁。它想飞，但瓶壁碰着翅膀，屡次落下来。凡此，都不过显示麻雀要冲出这个奇怪的囚牢，以获得它丧失了的自由罢了。这鸟非常活泼。它用了嘴、爪、翅膀来挣扎着，试图逃逸，显然除了恐惧与惊骇外，他和别的麻雀完全一样。"

然而在盛氮的瓶子里的那麻雀的情形却完全不是这样。它放下去不久就晕了过去，摇摆着身体张大了口，转动着胸脯，似乎只剩下最后一口气的样子。然后是一阵的抽搐，它全身扑倒，开合着它的嘴，无目的地挣扎着，终至木然不动。这麻雀显然是死了。但是另一只麻雀却依旧精神奕奕地在那里飞扑着。

保罗叔道："我承认这是一个不十分有趣的实验，你们看了一定觉得不快。为了我们的好奇心而使这麻雀受苦，是反背你们和善的天性，所以这个实验在不得已的时候固然不妨一试，但是一次试了之后，就不要再试了。现在，让我们赶快把活的麻雀释放了。为了它同伴的惨死，我将恕它啄食我们的谷粒和幼苗之罪。"

两只麻雀从瓶里取出，那只放在盛空气的瓶子里的还和以前一样的活泼。爱弥儿拿了来捏在手里，和它道了再会，就走到开着的窗子边，让它像箭般地飞去了，另一只麻雀紧缩着四肢，依旧朝天仰卧在桌子上。裘尔斯和爱弥儿时时望着它，怀疑着它致死的原因，还希望它能够苏醒过来。他们的叔父猜透了他们的意思，便说道："你们不要希望它还会活过来。它是死了，它是永远不会活过来了。"

裘尔斯问："那么，氮是有毒的吗？"

"不，孩子，氮是完全无毒的。空气中有4/5的氮，我们生活在空气里，无时无刻不在呼吸空气，然而我们从不曾因此而受毒。可见麻雀的死一定另有原因。"

"那么，这原因是什么呢？"

"烛火能在空气中燃烧，而不能在氮中燃烧。我们若因此就说氮有灭火的性质，这是不可以的。因为空气中的大部分乃是氮，要是氮真能灭火，那么，空气中的烛火也决不会继续燃烧了。可见烛火的熄灭并不因为氮能灭火，而只因为瓶子里的气体完全是氮，而缺乏了燃烧的要素氧的缘故。换句话说，就是烛火的熄灭并不是由于有了氮，而是由于缺了氧。

"人跌在水里要溺死，为什么呢？水会是一种毒物吗？那当然是不会的，我们从来没想过水是毒物。人溺死在水里是由于缺少了空气，水本身对于人的溺死是毫无关系的。同样我们可以说这一只麻雀是因为溺在氮中而致死的。实际上我们不能够说那个瓶子里完全没有空气，因为氮本来是组成空气的主要成分。麻雀的致死，只是由于缺乏了空气中的可以呼吸的，可以使动物继续生存的另一成分罢了。这一种成分能在动物身体里促起某种作用，正如在烛火中促起燃烧的作用一样。

"空气的成分除了氮，大部分都是氧，所以麻雀的死和烛火的熄灭都因为缺乏了氧的缘故。在没有氧的地方，在烛火不能燃烧的地方，动物就不能生活，因为生活与燃烧是极相类似的，但是要懂得这个关系，我们必须先明了大气中的氮的同伴，就是那名叫氧的那种气体。明了了这一点，你们一定能够懂得生命和火焰的类似。"

两个少年你觑着我，我觑着你，诧异地听着他们的叔父竟把生命和火焰串联在一起。

叔父接着道："我说的话没有一句不以科学的观察为根据，没有一句不合于我们日常所见闻的事实。一支洋烛燃着的时候，虽然我们不能说它具有生命，但是就化学作用说，它的情形确是和有生命的东西相仿佛的。一支燃着的洋烛和一个活的动物都需要氧，一以继续燃烧，一以继续生命。他们在纯粹的氮中都不能继续活动。因为在那里缺乏了氧。这便是麻雀致死的根本原因。"

爱弥儿问："那么，别的动物呢？它们在氮中也要像麻雀一样的死亡吗？"

"一切动物在氮中都要死亡，不过因动物种类的不同，有的死得快一点，有的死得慢一点。因为动物无论大小都不能缺了氧，而一方面氮又不能作为氧的替代品。要不是这实验会弄死许多生命，我们不妨把园子里的所有的小生物，如鸟、田鼠、蚱蜢、蜗牛等都一一试过，看它们在氮中或是立刻就死亡，或是挣扎了许多时候才死亡。因为各种动物虽然无例外地需要氧，但是需要的程度却并不是一样的。有的在氮中立刻就昏倒了，例如我们方才实验的麻雀，有的却能在其中生活几小时甚至于几天，但是结果总免不了一死。生物无氧不能生存，是一个普遍的定律，所不同者只是牺牲者之抵抗力的久暂罢了。最需要氧的是鸟类，它们的呼吸极短促。其次是有毛的动物，例如猫、狗、兔子等，也就是自然学家所谓的哺乳动物。有较大抵抗力的是爬行类，例如蛙、蛇、蜥蜴等，也许经过了整个小时都没有完全死亡。最不容易死亡的乃是昆虫类以及形体很小的生物，它们在氮中能生存好几天。

"对于这一个事实，我认为极其重要，非再来试验一下不可。我今天早上看见捕鼠机中捉住一只鼠子。我想这可怜的东西，我们即使不去弄死它，也要做猫的牺牲。我们不如利用了来满足我们求知欲望。爱弥儿，你去把它拿了来！"

爱弥儿拿着捕鼠机来了。叔父在死去麻雀的瓶子里换过了一瓶氮，打开捕机，把鼠子投入瓶中。鼠子被关进了那玻璃的囚牢，起先是在瓶底下跑了几个圈子，用嘴顶着瓶壁，像要钻出来的样子，除了惊骇外，并没有不舒服的表情。然后身体倒了下来，四肢颤动，像要睡去的样子。最后是一阵突然的抽搐，表示它已经死了。所历的时间虽然只有几分钟，但它显然比麻雀所历的时间要长一些。

保罗叔道："把这鼠子去给了猫吧，我们以后可不必再做动物的实验了。现在让我们把习得的知识再综合起来：氮占着大气的4/5。它是一种无色透明的不可见的气体，在这种气体中没有一样东西能够燃烧起来。一支燃着的洋烛伸进氮中就立即熄灭。动物在氮中也不能生存，因为无论哪一种动物，它们所呼吸的气体中若是缺乏了氧，迟早总要死亡，所以这样的死亡和氮的本身是没有关系的。氮的本身对于小动物并没有害处，动物不能在氮中生存的唯一原因，乃是呼吸不到为动物的生存所必需的物质——氧的缘故。"

第十章　燃磷

　　保罗叔又预备来做一个新的实验了。桌子上的洋铁皮匣子里放着盛磷的小瓶，匣子旁是那具巨大的钟形罩，安在一只盛有一满碟石灰的盆子上。

　　孩子们问："叔父，你预备了这些东西来做些什么实验给我们看呢？"

　　叔父道："你们对于我们所呼吸的空气，还知道得没有完全。组成空气的两种主要元素，你们只熟悉其中的一种氮，还有一种含量虽少而更为重要的氧，你们却只知道它的名字。你们仅从燃磷的实验，知道氧占着大气中的1/5。你们又从我的谈话中，知道物质的燃烧需要氧，动物的生活需要氧。但是这并没有得到事实的证明。现在，试问这氧究竟是怎样的气体呢？当它单独存在时候的形状是怎样的呢？这是一个很重要的问题，我将设法替你们回答。

　　"因为在5升的空气中，有4升的氮和1升的氧，所以我们要取得纯粹的氮或氧，就该以空气为泉源。氮和氧在空气中是混合着，而不是化合着的，关于这个事实，我将来可以证明给你看。它们既然是混合着的，那么，要分离它们，本来只需简单的方法就行了，可是因了这两种气体是不可见的，不可捉摸，所以就是这简单的方法也不容易做。前些日子我们把硫黄和铁屑混合在一起，爱弥儿以为若能多费一点时间一定可以把它们再分离开来。他的话是不错的，我们只要有熟练的手指，锐利的目光，这事并没有什么困难。然而像空气这样的混合物，情形却完全不同。造成这混合物的两种物质，我们无法看见，无法觉察，即使能够看见也因其性质的精微，并不能减少什么困难。那么，对于这事，我们究竟该怎么办才好呢？"

裘尔斯想了想说："我们用了一块磁铁，很容易把极微细的铁屑和硫黄粉末分离开来。现在，我们能不能也想出一种方法来鉴别这两种造成空气的气体呢？"

爱弥儿同意道："是的，我们可以想出一种东西来，要能够吸引空气中的某一种气体而把另一种气体遗留在那里，好像磁铁能吸引铁屑而不能吸引硫黄一样。"

保罗叔道："想不到你们竟有这样好的理解力。你们的回答正和我预备采用的方法，同出一个见解，爱弥儿所想的那样东西，你们早已知道了，并且前天还都看见过呢！"

孩子们问："是磷吗？"

"是的，是磷。当钟形罩里燃磷的时候，它是不是把所有的氧都吸收了去，而单把氮遗留了下来吗？"

"是的，正是这样。"

"这不是像磁铁放在铁屑和硫黄的混合物中，便吸住了所有的铁屑而单把硫黄剩下在纸上吗？"

"很像很像！"

"磁铁能够吸引铁而不能够吸引硫黄，所以硫黄就剩了下来。同样，燃着的磷能够吸引空气中的氧而不能够吸引空气中的氮，所以氮就剩了下来。"

裘尔斯道："此刻我想着了一个法子。当磁铁吸住了铁屑，从混合物取出时, 我们就把这些铁屑刷落在另一张纸上。现在我们可以让磷吸住了所有的氧, 然后再从其中分出氧来。"

保罗叔赞道: "好一个法子, 不过这个法子实际上却是不可能的。磁铁虽容易把它所吸住的铁屑放下来, 但是磷却不轻易把它所吸住的氧再分出来。我曾经告诉你们磷对于氧的食量很大。所以磷一经吸住了氧, 非用强迫手段, 就不能叫它再把氧吐出来。而且我所谓的强迫手段, 在我们这简陋的实验室中又是无法实行的。"

裘尔斯不高兴地说: "这个法子既然不行, 那么, 我们就换一个法子吧。请问药品中有没有和磷的性质相反的东西——也就是能够吸氮拒氧的东西? 要是有, 事情就更其简单了。"

"简单果然简单, 但是……"

"也有问题吗? "

"也有问题, 而且是个很困难的问题。你们须知氮是一种最怪僻的元素, 寻常和别的元素都不发生什么关系。它厌恶化合作用, 非用一种极巧妙的方法, 不能使之与别的物质相化合。所以我们不能希望用别的物质来除去空气中的氮, 我们如果从这一点着想结果一定会失败。

"那么, 我们就此罢手了不成? 那当然不是的。我们现在可用第一个方法来加以推想。磷起燃烧作用而和空气中的氧化合以后, 固然不能希望它再把氧放出来。但是能和氧相化合的其他单物质却并不都和磷一样, 它们中颇有容易把所结合的氧让给别的物质的。至于今天我们且先来研究这种气体怎样的贮藏在燃烧过的物质中, 为了要阐明这个事实, 我们依旧用得着磷。

"你们还记得前天燃磷时钟形罩里所生的白烟吗? 你们还记得它慢慢地消失在水中吗? 要是当时我不提醒你们, 恐怕这白烟的消失, 会使你们误认为火能消灭一切的证据呢。我当时虽然说明它并不消灭, 但并没有得到事实的证明。因此我现在要做一个实验, 使你们知道, 火不能消灭物质, 只能改变物质的性状，不能改变物质的存在。磷可以给我们做一个很好的例子，同时还可以给我们关于今天功课中主要论题的知识。这次的实验，一方面告诉我们物质不灭的原理，一方面又告诉我们由燃烧而起的氧的积贮。

"由燃磷而生的白烟，极容易溶解在水里，这在上一次的实验中，可以很显明地看出来。因此我们若是要保存这种白烟来供给空暇时候的检验，那么，这燃烧就绝对地需要在无水的地方举行。不但如此，又因空中有水，所以无论看上去怎样干燥的空气，总不免混合着一些水蒸气，从而由燃磷所生的白烟，就必然地有一部分溶解在这水蒸气里，因此，我们燃磷所需的空气最好也该是完全干燥的。

"这种干燥的空气，我可以用生石灰来制得。所谓生石灰就是没有潮解过的石灰，也就是刚出石灰窑的石灰，你们当然知道，石灰在空气中放久了会起怎样的变化。"

裴尔斯道："我知道，石灰在空气中放久了，会渐渐碎裂变成粉末，正如用水来洒在石灰上一样，不过后者比较快一些罢了。"

"对啊，石灰上洒了水就会爆裂而碎成粉末。把石灰暴露在空气中长久了，也会起同样的变化，不过比较慢一些罢了。这是因为它渐渐吸收附近空气中的湿气，湿气愈聚愈多就发生了和水一样的作用。由此可知，石灰有吸收湿气的特性，所以我们很可以利用它来做成完全干燥的空气。

"方才我已在一只大盆的中央预备好一满碟生石灰，盆子上面覆着钟形罩，使罩子里的空气预先干燥。这样一来，燃磷时生出来的白烟就逃不到什么地方去了。现在我们可以做实验了。"

"保罗叔在水底下切了一小粒的磷，小心地用吸墨水纸吸干，然后抽出罩下的盆子，将盆中的石灰换以磷粒，同时点着了火，并立即将钟形罩盖上。这燃烧和以前所见的现象起初并没有什么两样，有同样的亮光，有同样的白烟。不过片刻后就发生了一件新奇的事，玻璃罩里的白烟都凝成白色美丽的小片，像雪花一般地在纷纷飞舞。不久，盆子面上已遮着一层雪花般的物质。

叔父道："喂，爱弥儿，对于这白色的东西你怎样想？"

"我觉得很奇怪，谁能想得到火可以降雪的呢！不过我知道，它虽然像雪，却并不是真的雪。它一定是从燃着的磷里产生出来的。"

"那是很显然的，我们看见在这里所生的物质，外观虽然像雪，实质却绝不是雪，而是另一样东西。不过我们且让它再多降下一些来。火是要熄灭了；我们必须把它煨一煨旺。"

保罗叔将钟形罩略略提起，那即将熄灭的火焰就又照以前一样地旺盛起来。

他说："空气少了，磷就不能够燃烧，但是我把罩子提高了，放进一点空气去，那火焰就重新旺盛起来了。让我们再放进一点空气去，使罩子里多生成一些这种奇异的雪吧。"

像这样地补充了三四回空气，盆子上的所谓雪花已经积得很厚了，保罗叔将盛磷的瓦片用铁钳钳出一径把它拿去放在园子里，以免这继续燃着的磷所生的白烟弥散在屋子里，妨碍了人的肺部和嗅觉。

他说："现在，我要叫你们检验一下盆子里的东西。这白色的像雪一般的小片是由燃着的磷变成的。燃烧没有把磷消灭掉，只是把它变成了别的东西。这一变很厉害，你要是不知道这假雪的来历，你一定猜不出它的性质。让我再来说一说，火并不会消灭什么东西。它所毁坏的，用去的，并不曾化为乌有，只是变成了别的东西，有时候成为无色透明的气体，为人目所不能见，有时候成为有形的物质，极令人注意。现在这盆子里的东西，这东西我们可以触、摸、尝、嗅，就是被火所毁坏了的磷，磷虽然经过燃烧，但是它的实质却依旧存在于这世界上。所以这个实验所告诉我们的第一桩事实，就是物质是不灭的，火的作用并不能消灭一切。

"化学作业上常常用得到一种极精确的天平,就是像苍蝇翅膀那样微小的东西,也能够称得出重量来。现在假使有这样的一架天平,那么,我们方才就可称出未燃前的磷有多重,以与燃后的物质相比较。不过当其这样做起,还须在钟形罩下时时通送空气,使盆子里的磷完全燃尽,然后用一根羽毛把燃后所得的假雪一同刷下,再放在天平上去称。假使未燃前的磷与已燃后的磷的重量都称出了,那么,这两者该是哪一样较重呢?

"误信火能消灭一切的人,一定回答说已燃的物质比未燃的物质轻,因为火即使不把磷全部消灭,至少已消灭了一部分。但是你们早已听见我指出过这种错误,并且亲眼看见过好几次的实验,我想一定不会有这种愚笨的回答了。"

裘尔斯坚决地说:"我一定不会这样回答。我的回答是已燃的磷比未燃的磷重。"

"你的理由呢? 没有理由你不能下判断。"

裘尔斯道:"这理由很简单,你说过并且还曾实验过,无论什么东西在燃烧时就和空气中的氧相化合。氧虽是一种不可见的气体,但因为它是物,所以它有重量,虽然这重量极小。因此在已燃的磷里已经加入了氧,那当然比单独的磷重。"

保罗叔称赞道:"好孩子,你回答得好极了。已燃的磷的重量本来该和未燃的磷相等,但因其中还须加入燃烧时所化合的氧的重量,所以就重起来了。关于这一点,我们若是有一架极精确的天平,就可得到一个很可信的证明,它会指出这盆子里的一堆像雪花般的东西,比磷更重。那么,这加重的原因,除了由于燃烧时化合进去的氧外,还有什么呢? 所以盆子里的物质,当磷燃烧时,会吸收了少量的氧积贮在那里。这氧已不复为不可见的气体,占着巨大的空间,却已变为固体物质的一部分,可以看见,可以触知,占着很小的空间。它已经被化合作用探集来加以压缩而装入小栈房里去了。

　　"不论哪一种物质，燃烧时都有同样的化学作用，一经燃过，便变成了一个贮氧的一小栈房。把燃后所生的全部物质的重量总算起来，不使遗漏，其数目一定比未燃的物质大，这超出的重量就是由于燃烧时化合进去的氧。大部分已燃的物质，也就是氧的栈房，都把氧保藏得很稳固，你要夺去它，非加强力不可，但是有少数已燃物质却很容易把氧放出来。在这一种物质中，我们将来可挟出一种来制取纯粹的氧。不过此刻我们须先把燃磷的实验做一个结束。

　　"盆子里的像雪花般的粉末，虽然大部分用易燃的磷造成，却是绝对地不能燃烧的，即使有最热的火焰，也不能叫它燃烧起来，原因是凡燃烧过的物质就不能再起燃烧。这磷即使已与最多量的氧相化合，自然不能再与氧相化合了，所以它的可燃性也就完全没有了。实验可以比谈话更明白地解释这事实。"

　　在一堆炽燃的炭火上，撒了一些白粉，把炭火吹得很旺，但结果却并不能使白粉燃烧起来，可见它的可燃性已经消失了。

　　保罗叔道："要是你们没有关于复物质和造成复物质的单物质的知识，这个实验会使你们奇怪，因为这物质本来很容易燃烧，现在却绝对不能燃烧了。复次，这盆子里的白色粉末，现在一些也没有臭气，而本来的磷却有一股极强烈的蒜臭。但是我愿你们不要用手来掇拾这粉末，它的性质是很猛烈的，至于把它放到嘴里去尝味，那就更不可轻试，否则你定会痛叫起来。"

　　爱弥儿道："竟有这样的可怕吗？"

　　"是的，非常可怕，这比一滴熔铅落在舌头上还要厉害。"

　　"不过，这白粉看上去却并不怎样可怕呢。"

　　"你不要太相信外观。在无害的外观中，可以装着极危险的物质。预先警戒，便可预先防备。在化学家的厨房中，极少有可口的东西。不过为使你们理会燃磷的滋味起见，我可以把这粉末溶在水里，以减少尝味时舌头的不快。"

说着保罗叔又拿起羽毛来把盆子里的东西统统刷入一杯清水中。当每一粒粉末落入水中时,都发出一种"嘶嘶"的声音,像铁匠把烧红了的铁放入水中一样。

爱弥儿说:"这粉一定是很热的,要不然它为什么发出'嘶嘶'的声音来呢?"

"发声的原因并不是热,这粉末一点都不热,和这里的任何东西一样,我已经说过了,燃烧后的磷是很喜欢水的,我当时用生石灰来把空气中的湿气除去,便是为此。现在我把这粉末放到水里去,正是投其所好,它因为急于溶解,自然就发出这'嘶嘶'的声音来了。

"现在你们看罢,这粉末已全部溶解在水里了。这液体的外观并没有变更,它看上去还是和水一样,但是你们试伸下一个手指蘸一些来尝尝滋味看!现在你们可以去尝,不用怕。"

孩子们记起了熔铅的譬喻,都迟疑不决,但这时叔父却已用小指来蘸了些液体放舌端,爱弥儿和裘尔斯这才敢照样去尝味。

可是这一尝却立刻把他们的眉头都蹙(cù)紧[1]了,他们叫道:"好酸啊!这比醋更酸。要是叔父不把它冲淡,那滋味要酸到怎样呢?"

"你们的舌上一定要受到非常大的痛楚。凡是触着的部分立刻会被这猛烈的物质所腐蚀,你们将要听见一种'嘶嘶'的声音,正如一块热铁和唾沫相接触一样。"

"那么,这极酸的东西并不是醋。"

"它的滋味虽然像醋,但实质却完全不是醋。现在我们且再来讲下去,这东西除了上面的性质外,还有一种性质必须试验。这里有一些从园里探来的紫罗兰。我搞一朵来浸在这酸味的液体中,它就立刻失其蓝色而变成红

1.蹙紧:紧聚在一起。(编者注)

色。凡是像紫罗兰这样的一切蓝色的花在这酸液中都能变成红色。你们暇着的时候，可以从园子里探集各种的花来自己去试验。

　　"其他大部分的非金属，例如硫、碳、氮等，当它们和氧相化合时，也可以说它们在燃烧，这过程都能产生一种有酸味的能使蓝花变红的化合物。凡是像这样的化合物，在化学上称为'酐'（即干燥的酸），而其水溶液则称为'酸'，各种酐或酸自身间的区别则冠以造成各该酐或酸的元素的名称。因此，从燃磷得来的白色粉末及其水溶液，就称为磷酐和磷酸。"

第十一章　燃金属

　　园子里各种蓝色的花都用磷酸来试过了，它们一律失去了本来的颜色，转成红色。至于其他颜色的花，无论黄的、白的、红的，一律保持着本来的颜色，一些都没有改变。他们这样地试过了以后，保罗叔又叫他们把磷酸拿去做某种新的研究。这次所备的用具是一座炽燃的小风炉，在桌子上放着一个从电筒的干电池上拆下来的壳子和一个铁制的旧汤匙。此外，还有像手指那样大小的一瓶灰色的有金属光泽的物质，形如一束狭的丝带。孩子们始终猜不出这是什么东西。叔父预备在适当的时候再告诉他们，所以事前并没有说起它。

　　"在上一次的功课中，我们碰到一个难题，就是怎样得到不含氮的纯氧，今天我们要继续讨论这个问题。我们知道由各种非金属（例如磷）燃烧而生成的酸类，其中藏着许多从空气中夺来的氧。这是我们解决这个问题的第一个步骤。我们今天的实验将比昨天的更其有趣，更使你们惊异不置。这是解决这个问题的第二个步骤。我们做好了这个实验，就更容易知道得到纯粹氧的方法。现在我们且再来谈谈各种物质的燃烧。

　　"磷的燃烧当然是很好看的，猛烈的火焰闪耀的光亮像雪片一般的生成物磷酐,都可以引起无限的兴趣。不过,你们用红头火柴时已看惯磷的燃烧,所以见了并不觉得怎样的新奇。同样,凡是人人知道的易燃物质,燃烧起来都是如此。但是,今天你们将要看见不会燃烧的东西也会燃烧起来。我们将要使金属燃烧。"

爱弥儿觉得诧异地说:"金属?"

"我早已说过,这会使你们惊异不置。是的,我说的正是金属。"

"但金属是不会燃烧的啊。"

"谁对你这样说?"

"虽没有人对我说,不过依我的经验来看,总觉得金属是不会燃烧的。火叉、火钳都用金属做成,但是它们即使碰到了最热的火,我也不曾看见它们燃烧过。火炉也是用金属来制成的,在冬季虽然被烧至赤热,我也不曾看见过它们会燃烧起来。要是金属真能燃烧,那么,整个火炉早就被烧尽了!"

"这样说来,爱弥儿,你是不相信我所说的'金属能够燃烧'的话了?"

"我怎么能够相信呢?你说金属能够燃烧,那么,你也可以说,水也能够燃烧了。"

"为什么不能,我将来会给你们看,水的确也能够燃烧。"

"水能够燃烧?"

"是的,孩子,我将来一定给你们看水里含有最好的燃料。"

爱弥儿听见了叔父坚决的话,便不说什么,只是等着看那不可信的金属的燃烧。

叔父继续说:"用铁来做的火叉、火钳、火炉之所以不起燃烧,是因为没有够高的热。假使热度高了,那铁自然就会燃烧起来。其实这种燃烧你们是常常看见的,不过你们没有去留心罢了。当我们走过铁店的时候,看见铁匠从熔炉中拿出一根烧红的铁条来,那铁条一接触空气,就向各方面放出明亮的火星，几乎使人误认为是烟火。黑暗的铁店就立刻被照得雪亮。你们知道这些火星是什么东西呢？那就是铁条表面上一部分的铁，起燃烧而飞射开来的。现在爱弥儿相信我的话了吧？"

"我相信了，原来许多似乎是不可能的事，在化学上都是可能的。"

"我还要告诉你们，爆竹厂里做烟火的时候，若是要使烟火放出各种颜色来，他们就用各种金属屑来混合在火药里。铜会生绿的火星，铁会生白的火星，每一粒金属屑碰着了火就变成一个火星。花火之所以会喷出五色的火星来，便是这个缘故。关于铁的燃烧，不久，我还要同你们到一片铁店里去参观试验，所以此刻我不想多说，只再来添上一个显明的例子。

"你们都知道，钢铁或小刀打在燧石上可以发出明亮的火星。这种火星就是被打下来的铁粒，因震动的热而燃烧起来的。此外，如石匠击石子会发出火星，马蹄踢在石子上会发出火星，其理由也和这个相同。可见铁能够燃烧，虽然你们觉得奇怪，却实在是一桩极普通的事。

"现在让我再来说一说另一种金属——锌。这是一个从用过了的干电池上拆下来的壳子。这东西的原料就是锌，它的表面虽然呈灰黑色，但是我如果用小刀来划上一条痕，就可以看见它的内部有银白色的金属光泽。我们现在要使这锌燃烧起来。这工作是很容易的，只要有一些炽燃的炭火就行了。金属和一般的可燃物质，如硫黄、磷、木炭等一样，有的容易着火，有的不容易着火。磷一碰到火就立即会着火燃烧起来，硫黄的着火比较不易，而木炭的着火则更为困难。同样，铁需要熔炉[1]的热度，要一些炽炭的热度就够了。此外更有一些金属，则其着火比锌还要容易，这种金属我们不久就可以看到。

"现在我们就来做燃锌的实验。我剪下一些锌片来放在铁匙里，再把铁匙安在这红热的炭火上。如果你们有什么疑问，这个实验将会替你们解

1.熔炉：熔炼金属的炉。（编者注）

决。"

一切都照着保罗叔所指出的话去做。不久，锌像铅一般地很快熔融[1]了，等到铁匙赤热后，保罗叔就把炭火拨在一边，用一根粗硬的铁线来在熔锌中搅动，使它多与空气相接触。于是，一个耀眼的淡蓝色火焰就从熔锌中发出，随着搅动的快慢，而或明或灭。孩子们很惊异于燃锌的光亮，又看见从火焰中飞散出一种像鹅毛般的东西，在空中轻快地飘浮着，更觉得奇怪不置。这鹅毛般的东西，简直使人误认为秋天早上田野中所飘的白色冠毛[2]。同时，在铁匙中熔锌的表面上，也结成一层极纤细的白绒，这白绒为热的气流所刺激，就有许多飞扬起来。

保罗叔道："这白色物质就是燃烧过的锌，也就是已和空气中的氧相化合的锌，它和锌的关系正和假雪花对于磷一样。我们等它产生得多了一点，再来试验它的性质吧。"

裘尔斯代叔父搅着熔锌，爱弥儿追逐在飞扬起来的白绒后面，用嘴吹着，但也不让它们飘得太快。大大小小的白绒都轻软地满室飘扬着，好像永远不会沉下来的样子。不久，铁匙中的熔液已完全燃尽，所有的锌都变成白绒了。当铁匙渐冷，其中的残烬被倾出了以后，保罗叔就继续地说道：

"燃过了的锌是一种白色物质，现在你们已经看见过了。这物质是淡而无味的，如果你们把它放到舌上去，将一点也感觉不到滋味。"

爱弥儿还没有忘记磷酸的酸味，所以畏缩地把它放到舌尖去尝，但尝后却肯定地说："果然没有滋味，差不多和沙石木屑一样。"

裘尔斯插口道："我也尝不出什么滋味。我真不懂，为什么我们从燃磷得来的东西是非常的酸，而我们从燃锌得来的东西却毫无滋味。"

1.熔融：是指温度升高时，分子的热运动的动能增大，导致晶相破坏，物质由晶相变为液相的过程。（编者注）
2.冠毛：有些植物于结果后，由萼片变形而成冠毛，色白，状如丝或鸟羽。果实成熟时，冠毛随风飞散，借以散布种子。（编者注）

　　叔父道："我们不妨来研究研究这无味的原因。我拿这把白色物质来倒在这一杯水里，用棒来搅匀。你们看它并没有溶解，然而你们总还记得已燃的磷却极易溶解，甚至于发出'嘶嘶'的声音。

　　"现在我们把这种种事实综合起来，已燃的磷易溶于水，有很浓的滋味，已燃的锌不溶于水，没有味道。同样，食盐和糖易溶于水，都有滋味，前者为咸味，后者为甜味。石弹和砖瓦不溶于水，两者都毫无滋味。你们现明白这些事实所指出的原因吗？"

　　裴尔斯道："我明白了，一种有味的东西必须能溶解在水中。"

　　"对啊，凡是有滋味的东西，无论这滋味是淡，是甜是酸，是咸是苦，一定能够溶解在水中。凡是不能溶解在水中的东西，就不会有滋味。因此，一种物质要作用于味觉，要在舌上留一个印象，就必须能够溶解在唾液中，除非它原本是一种液体。物质一经溶解在唾液中，就分解成非常微小的微粒子，和司味觉的器官相接触，于是就生出滋味的感觉。我们知道唾液大部分是由水组成的，所以不溶于水的物质就不溶于唾液，不溶于唾液就没有滋味。记好，将来你们假使见了一种不溶于水的物质，就休想尝尝它的滋味，因为这种物质是绝不会有滋味的。但是它假使能溶于水，那就一定有滋味，不过有时候滋味很淡，如阿拉伯树胶等，差不多都觉不出来。

　　"再总说一遍，从燃锌得来的白色物质，毫无滋味，因为它不溶于水，从燃磷得来的白色物质因为易溶于水，所以有极浓烈的滋味。"

　　爱弥儿道："真是浓烈，它酸得我连舌头都痛。不过，叔父，你告诉我燃过了的锌，既然不溶于水，又无从使我们感觉滋味，那么，它真正的滋味该是怎样的呢？它会像燃过了的磷一样吗？"

　　"这是谁也不能知道的，因为谁也没有尝着过它的滋味。我们只能说，它的滋味大概很恶劣，因化学物品的滋味，99%是这样的。

　　"现在我还要做一个燃烧金属的实验，这是今天节目中最有趣的项目。

实验的材料就放在那个小瓶子里。"

爱弥儿道："就是那种灰色的像丝带的东西吗？"

"正是。"

"不过这东西看起来却好像是绝对不能燃烧的。"

"外观是常常会骗人的，我们且仔细看看吧！"

说着保罗叔就从小瓶拿出那束东西来，只见那东西又狭又薄，富有弹性，简直像钟表里的发条，用小刀来划上一条痕，里面就露出亮亮的金属光泽。孩子们因此知道它确是一种金属。

爱弥儿道："这好像是铅或锡。"

裘尔斯道："这更像是锌或铁。"

保罗叔告诉他们说："你们说的都不是。这种金属你们都没有看见过。也许连听都没有听到过。"

爱弥儿关切地问："那么，这金属叫什么名字呢？"

"它叫作作镁。"

"镁这是很特别的名字，我们的确没有听见过。"

"你们没有听见过的特别名字还多着哩，譬如，铋（bì）、钡（bèi）、锴（kǎi）。"

"这些名字也是金属吗？"

"是的，也是金属。你们觉得这些名字很特别，是因为初次听到的缘故。你们若是听惯了铋和锴，就会觉得与铜和铅一样。我曾经说过金属的数目有60余种，这许多金属大部分都不供日常使用，因此我们在日常谈话中就不大听到了。

"我们方才已经实验过，炽燃的炭可以使锌燃烧起来，但是镁的燃烧，只需用烛火来一点就可以了。而且一经燃着，即能自己燃尽，放出耀目的强光。"

爱弥儿问："这奇怪的金属从那里买来的呢? 我很想去买些来玩。"

"镁是不供日用的金属。铜匠、铁匠、银匠都不知道它的名字。这物质大都供科学研究及游艺性质的化学实验等的用途。它的发资场所是药房及科学用品店，我们此刻所用的镁，就是从药房中买来的。"

在这时候保罗叔已点着了一个烛火，并把窗帘拉拢使燃烧时所发出的光亮不致受日光的影响。然后, 他割了一小条的镁，用钳子来夹住一端，把另一端凑近烛火去。桌子上铺了一张纸，以便承受从燃烧的金属上所落下来的东西。那条镁一经燃着，使放出极耀目的强光，把屋子里所有的东西都照得雪亮，正如日光一样, 燃时没有噪音，也没有火星。孩子们见了这样的强光，都好奇地注视着。燃烧继续下去，火焰渐渐逼近钳子，落下来的物质看上去很像石灰粉末。不上几分钟，所有的镁已完全燃尽，发光的火焰因缺乏燃料而熄灭了。

孩子们为强光所刺激，擦着眼睛高叫道："真好看! 多么亮啊! "

保罗叔揭开了窗帘让阳光进来。

爱弥儿还是擦着眼睛说："为什么我看不见东西! 我细看了这镁的火焰，差不多把眼睛都炫盲了。"

裘尔斯接着说："我的眼睛炫得好像凝视过太阳一样。"

叔父道："等到眼的疲劳恢复后, 就会好的。"

不久，爱弥儿已恢复了眼睛的感觉，便把方才所想到的事说了出来：

"当燃烧的时候，我正在看着烛火，觉得它的火焰比寻常时候来得暗澹，差不多连看都看不出来喔。"

保罗叔问道："把烛火放在太阳光里，你能看见它的火焰吗? "

"看不出来，那也将非常暗澹，和在镁光中一样。"

"这是因为我们的眼睛受强光的刺激后，就不能再看见弱光的缘故。在太阳光里，我们辨不出一个炭火究竟是否燃着。在暗黑中发光的火焰，移到强光中就不能显出它的光芒了。我们被炫耀的眼和暗澹的烛火，可以替我们证明镁光的强度，只有太阳光才可和它比拟。

"现在我总可以使你们相信，金属是不难燃烧的。铁店中炽铁的火星，我们旧铁匙里锌的火焰，以及最后燃镁的强光，都是很好的证据。而且，从后一实验，可以使我们知道有些金属燃烧时还能发光，要不是价钱太贵，我们简直可以用它来当灯火。即如在摄影术上，就的确利用镁来做发光的东西呢。

"现在我且把燃烧时所生成的东西来说一说。燃烧时落在纸上的东西是一种白色物质，好像是很细的石灰粉末。这含着和一切物质燃后所生的同样的东西，即氧，所以这又是一种氧的栈房，用了适当的，但并不是容易的方法，我们可以从这个栈房里制取氧。

"最后更把以上的知识再归并起来，铁能燃烧。在砧上搥击赤热的铁，能发出火星，这火星便是燃烧的铁粒。我们若是到铁店里去把燃后的铁集来，就可以看见它是一种黑色物质，性坚脆，能为手指的力量所压碎。这种黑色物质或燃后的铁，就称为铁的氧化物，简称氧化铁。

"锌能够燃烧，燃后一部分变成白色物质，一部分像鹅毛一样地飘浮在空气中。这种白色物质或燃后的锌，就称为锌的氧化物，简称氧化锌。

"镁也能够燃烧，所生成的也是一种白色物质，很像是研细的石灰，摸起来非常光滑。这像石灰一样的物质或燃后的镁，就称为镁的氧化物，简称氧化镁。

"据常理，金属都有可燃性，但也有少些例外。它们在燃烧时和空气中或任何地方的氧相化合，而变成一种没有金属光泽的化合物。这种从燃烧金属而得来的化合物，就称为'氧化物'，所谓氧化物，便是一种已燃的金属，正如酐是一种已燃的非金属一样，两者都含着氧。"

第十二章　盐类

由燃镁得来的白色物质，当时曾经用纸来包好，等到次日上新功课时，保罗叔就将这纸包解开来给孩子们看。

他说："这东西若单就外观而论，很像石灰或面粉，若就性质而论，则其更像石灰。石灰起初本是一种无定形的石块，浸入水中，就吸收水分而膨胀破裂为白色的粉末，和燃后的镁一样。我们说石灰和燃后的镁相似，这话是非常确切的，因为石灰也是一种燃烧过的金属。"

爱弥儿不信地说："也是一种燃烧过的金属？我从不曾听见过石灰是燃烧金属而成的。"

叔父答道："石灰当然不是这样做。要是我们真的用金属来烧成石灰，那么，石灰的价钱就未免太贵，泥水匠将不敢用它来做三合土了。"

裘尔斯道："石灰的制法，我知道。他们把石子和焦炭堆积在石灰窑里，然后点火焙烧，即能将石子烧成石灰。"

"对了，他们所用的石子叫作石灰石，其中含着石灰和其他杂质，这种杂质在燃烧时为火所逐出，因此燃后就剩下纯粹的石灰，可以供种种的用途。所以灰的的确确是燃烧过了的金属，也就是金属与氧的化合物，虽然烧石灰的人不知道这种事,但的确就是这样。石灰的微粒子正像从赤热的铁上爆下来的屑片,从熔锌中飞出来的白绒,从镁焰中落下来的白粉。简单地说,石灰是一种金属氧化物。

"固然,生成这种氧化物时,人没有动过手,这燃烧也许还是当地球初成时自动发生的,而且从自然到造万物以来,就不会有人在自然界里单独地发现过这种造成石灰的金属。这种金属是随地都有的,不过它完全和别的物质相化合,而成为种种不同形状的化合物,所以要探测这种金属的存在是一件不大容易的事,若要从这种化合物中分出纯粹的金属,那就更其困难了。你们看,这是一撮燃过了的镁,那是一撮粉状的石灰,你们仔细看好,这两样东西有什么分别?"

孩子们检验了一番说:"我们看不出什么分别。两样东西都是白的,都像面粉。"

叔父道:"是的,我也看不出什么分别。我们三个人对于它们的相似,有着一致的见解,虽然我们明知这两样东西是不同的物质。现在让我们说(其实科学家也是这样说),这种粉末(石灰)是一种金属氧化物,正如那种粉末是另一种金属(镁)氧化物一样。"

裴尔斯问:"那么,石灰中的金属叫什么名字呢?"

"这金属叫作钙。"

"你能给我们看一些钙吗?"

"啊哟,这却不能。我们简陋的实验室中备不起这种价值很贵的东西,这并不是因为钙的出产少,而是钙虽然随地都有的,差不多蜿蜒数千里的山脉中都有这钙,但是要从含钙的化合物中提取纯粹的钙,却需要很大的费用,因此它的价值就不得不贵起来。而你们的叔父就没有力量买来了,但是无论如何,我可以把它的性状讲给你们听。试想象这样一种东西,色白有银色光泽,软如蜡,可以用手来搓捏模型,这东西就是钙。"

爱弥儿听了叔父的话,诧异地说:"钙是金属,金属可以用手来搓捏模塑,像一片软蜡或一块泥土一样吗?"

"是的孩子,这种特别的金属的确软得可以用手来搓捏,随意塑成种种的形状。"

"那么,我们可以用钙来做一个银色的小塑像来玩了。"

"可是这个小塑像,一定比用银子来做更贵,而且,实际上你们也不能用手来做,因为这猛烈的物质比你们所见过的任何东西都容易着火。假使在你们模塑的时候这小塑像突然着起火来,你们将觉得怎样?"

"那当然觉得不很有趣吧。"

"那么,你们记好,钙一碰见水就会起燃烧。炽燃的煤、硫、磷,都能被水所扑灭,但钙却反是,倒因了水而燃烧起来。你们不要以为我的话太荒诞,这是的的确确的事实呢。我们不久就要来讲一课新的功课,我将给你们看,水并不一定能灭火。不过,啊,我不知道我的经济力量能不能允许我。"

"这为什么有关于你的经济力量?"

"因为做这个实验需要买到一种性质像钙的金属,这金属也能在水中燃烧。"

"那么,还有别的能在水中燃烧的金属吗?"

"是的,有三四种。"

"你预备给我们看一种吗?"

"那不能一定。只要你们永远这样地高兴,我必然尽我的力量去做。"

"只要我们常常能够见到很有趣的实验,像镁的燃烧咧,磷和锌的变成雪花咧,我们一定会永远这样地高兴。"

"好,我们再说爱弥儿要做塑像的事吧。你们现在已经知道钙触着水很容易燃烧,可见用常带湿气的手来摸钙,是一件很危险的事。所以我们即使有了钙,也只能把它放在瓶子里,绝不能在手里当泥土玩。

"现在我们要丢开钙来说一说钙的氧化物,即石灰。我们知道石灰有一种特别的滋味,是铁、锌、镁等的氧化物所没有的。这滋味很浓烈,在舌上有好像发烧的样子。所以燃过了的磷的滋味是酸的,而燃过了的钙的滋味是涩的。再者,石灰在舌上之所以起不快之感,并不单单为了它的涩味,还因为它有腐蚀皮肤的能力。所以我们用手来拿石灰,拿久了手上的皮肤就会粗糙起来。

"石灰既然有滋味,照理能溶解于水,这在事实上也是真的,不过它的溶解量很小,只在水中呈现着难闻的涩味。假使我们把石灰和水捣成膏状,然后把它放在水里搅匀了,这液体就会变成乳色。待静置后,凡未溶解的石灰都沉入液底,水又恢复它原来的明洁。在这明洁的水里,我们虽然看不见其中有石灰的存在,但是你尝尝这水的滋味却与石灰发烧的滋味一样,可见已有一部分石灰溶解在这水中了,这正如无色的糖水内含有溶解着的糖一样。"

叔父一边说,一边用实验来阐明他的话,他叫孩子们去尝味这溶有石灰的水。爱弥儿用手指蘸一点来放到舌尖,便觉得有一阵热辣辣的涩味,非常难受,过分地皱着眉,做出像要呕吐的样子,接着就一连吐了好几次唾沫。于是保罗叔又说道:

"这是我刚从园子里探来的紫罗兰。我曾经给你们看过这种蓝色的花放在燃过了的非金属(即非金属氧化物)的水溶液(譬如磷酸)里,会变成红色。这实验,你们自己也已做过不少回了。现在我们假使把这蓝色的花放在燃过了的金属(即金属氧化物)的水溶液里,它会变成怎样的颜色呢? 这石灰水就可以告诉我们。"

保罗叔把紫罗兰放在一只杯子里,然后倒下一些石灰水去,就见这花由蓝色变成绿色[1]。

1.蓝绿色。(编者注)

爱弥儿见了惊奇地说:"化学似乎是一调染料工厂,你从前用一点磷酸就把蓝花变成了红色,现在你用一点石灰水,又把蓝花变成绿色。等我将来多学了一些化学,我定要做出各种的颜色来做画图用的颜料哩。"

"那当然可以,因为化学能够告诉我们,怎样使一种无色物质与他种元素化合而成为一种有色物质。它又能告诉我们,怎样使一种有色物质,失去颜色或变成他种颜色。是的,染料的制造是化学工业中的重要部门,现在既然说到这个题目,我索性再来说一说。我们用了酸可以把蓝花变成红色,用了石灰水可以把蓝花变成绿色。这两种变化快速、完全,使你们明了化学用各种的药品,能够造出许多种不同的颜料来给画家和染色者应用。

"现在我再把这被石灰水所染成绿色的紫罗兰,浸到一杯含有几滴酸的水中。这一酸无论用哪一种都可以,只是从前由燃磷而得来的磷酸,已经给你们拿去做蓝花变红的实验用尽了,所以此刻所用的乃是一种由燃硫而得来的酸,叫作硫酸。关于这硫酸我们以后还要详细地讲到。现在你们看看这水里的花吧!它已经被酸液变成红色,和未曾浸入石灰水中的一样。这红花如果再拿出来放到石灰水中去,就可再转成绿色。这紫罗兰像这样地循着遇酸变红色,遇石灰水变绿色,永无止息。

"钙的氧化物,即石灰,虽然有这样的性质,但是铁、锌、镁的氧化物却并不如此。金属氧化物之所以有此种不同的性质,和它们有味无味,出于同一原因。石灰因为能溶于水,故能作用于味觉器官,呈涩味,也能作用于蓝色花变成绿色。铁、锌、镁的氧化物因为不溶于水,故不能作用于味觉器官,也不能作用于蓝色花使之变成绿色。

"可见凡是金属氧化物,只要能够溶解于水,一定会有和石灰一样的涩味,一定能使蓝色花变成绿色,这在事实上也是真切的,并且没有例外。把上面的知识综合起来,即非金属和氧化合了,成为非金属氧化物(特称为酐),非金属氧化物若能溶于水,则此水溶液有酸味,并能将蓝色花变成红色，所以是一种酸。金属和氧化合了成为金属氧化物，金属氧化物若能溶解于水，则此水溶液有涩味并能将蓝色花染成绿色。

"现在我要告诉你们，一种酸和一种金属氧化物够化合成一种复物质，这种复物质的性质当然和酸或金属氧化物不同。我想你们总不会忘记，由两种物质化合而成的化合物，它的性质绝不能与原来的两种物质相同。磷酸有酸味，石灰有发烧一般的滋味，这两者都是很猛烈的物质，但是这种酸和这种金属氧化物化合了以后，将成为怎样的一种物质呢？这是你们永远想不到的。它们变成了一种无害的物质，为造成动物骨骼的主要成分。

"我们如果把一根肉骨挪在火中，它就会燃烧起来，但是着火燃烧乃是附着在骨骼上的油脂及其他物质。等到火焰一熄，就可看见骨骼还是保留着原来的形状，颜色灰白，质脆易碎，这便是构成骨骼的主要材料，因为骨骼中其他的物质已经被火所除去，所以剩下来的，就只有这不能燃烧的白色物质了。

"现在，化学告诉我们，这由燃烧骨骼而得来的白色物质，差不多和用磷酸和石灰化合而成的东西一样。试把这白色物质磨成粉末，尝尝滋味看，就可发现它既无酸味，又无涩味，好像其中并没有磷酸或石灰的样子，它的水溶液也不能使蓝色花变红或变绿。总之，所有酸和金属氧化物的性质已完全消失了。这种由磷酸和石灰化合而成的物质叫作磷酸石灰，因为其中含有磷、钙、氧三种元素。

"世界上有着无数与此同样的化合物——即一种酸和一种金属氧化物反应生成的化合物。这种化合物在化学上统统称为盐。因此骨骼燃烧后所生成的白色物质磷酸石灰，是一种盐，叫作石灰的磷酸盐。"

孩子们听见叔父说到盐。便诧异地问："盐是有咸味的，现在这骨骼并没有咸味，你怎么说它是盐呢？"

叔父道："你们应该注意，我并没有说它就是盐，我只说它是一种盐。我们寻常所谓的盐专指烹调用的食盐，但是在化学上却用这个字来泛指一切由一种酸和一种金属氧化物发生化学反应生成的复物质，无论它的滋味怎样，形状、颜色怎样。

"盐的滋味、形状、颜色各不相同。大多数的盐，和食盐的形状相像，为无色透明的可溶性物质。盐的得名，就为了这个缘故。有些盐是蓝的，其中含着铜的氧化物，又有些是绿的，其中含着铁的氧化物，还有许多是黄的、红的或紫的，差不多各色都有。盐的滋味像食盐的很少，有苦的、有酸的、有涩的，大都不很可口。又有许多的盐是不溶于水的，所以没有滋味，例如，构成骨骼的磷酸钙，建筑房屋的砂石和做石膏手工的烧石膏等都是。"

爱弥儿道："我明白了，从化学的观点来说，构成骨骼的盐，建筑房屋的盐，做手工的盐，是与火腿，饮食中的所谓盐有截然不同的意义。"

"对啊，那是截然不同的。因为化学上所谓的盐，随地都有，譬如路上的石子，山上的岩石，或在田野中的泥土，其中都含有盐。"

"这样说来，盐的数量是很多的了。"

"是的，有几种盐产出得很多，构成大部分岩石的，有一种叫作碳酸石灰的盐，便是其中的一种，譬如砂石、石灰石、大理石，以及其他的矿石，都是由碳酸石灰组成的。"

"那么，烧石膏在化学上叫作什么呢？"

"硫酸石灰，不过这个名词的意义，你们还不大明白，我们且待以后再讲吧。此刻要说一说关于化学的语法。"

"化学也有语法吗？"

"是的，它也有语法。不过爱弥儿，你可不用担心，化学的语法很简单，是一学就会的。我们先从酸类讲起。我们知道燃后的非金属溶解在水里便成为一种酸，譬如燃后的磷溶解在水里便成为磷酸，根据了这一个例子，我们就得出一条化学的语法规则，即在造成某种酸的非金属的名字后加上一个

'酸'字，即得某种酸的名称。

"我们且另外举一个例子，譬如氮。我曾经说过，氮是不容易和氧相化合的，但是用了一种巧妙的方法，我们可以打破这种困难，而使这两种元素结合，试问这样造成的酸该叫作什么酸？"

爱弥儿道："照规则该叫氮酸吧？"

"对啊，不过你们应该注意，氮酸这个名称，在习惯上很少用，通常都叫它硝酸，因为这一种酸，从前是用一种天然的含氧化合物，叫作硝石的制成的。还有一种非金属叫作氯，这种元素你们还不曾知道，不过这并没有什么关系，你们试照规则叫出它造成的一种酸吧。"

"那一定叫氯酸。"

"一点都不错，是叫氯酸。"

"喔，这是很容易的，用碳造成的酸称为碳酸，用硫造成的称为硫酸，是不是？"

"是的，关于酸类的命名法，你们已经明白了。我们现在再说金属氧化物的命名法。我们称铁和氧的氧化物为氧化铁，锌和氧的氧化物为氧化锌，铜和氧的化合物为氧化铜。这样，凡某金属和氧的化合物就称为氧化某。不过你们应该注意，有几种金属氧化物习惯上并不是这样称呼，而用着一种俗名，因为它的俗名相沿已久，所以在化学上也采用了。譬如，氧化钙称为石灰，便是其中的一例。

"现在还剩盐类的命名法没有说，我们已经知道盐，可以由一种酸和一种金属氧化物发生化学反应生成，它的命名规则根据这一个事实，即凡用某酸和氧化某发生化学反应生成的含氧的盐，就称为某（非金属）酸某（金属）。譬如碳酸和氧化钙发生化学反应生成的盐就称为碳酸钙。"

爱弥儿道："我懂得了，如磷酸和氧化钙化合而成的盐就称为磷酸钙，硫酸和氧化钙化合而成的盐就称为硫酸钙。"

"对了，不过某种盐类若用一种有俗名的氧化物制成。那么，这种盐类名称中的金属名，就往往代以氧化物的俗名。譬如，硫酸或碳酸和氧化钙（俗名石灰）化合而成的盐，往往不称硫酸钙（即烧石膏）或碳酸钙（即石灰石），而称硫酸石灰或碳酸石灰。化学的语法现在就说到这里为止。"

"说完全了没有？"

"虽没有说完全，但最重要的已都在这里了。"

"那是很容易学的。"

"我早就对你们说过，那是一学就会的。"

第十三章　关于工具的话

下一天，保罗叔又继续他的谈话。

他说："前回我们讨论到要制造纯氧的问题。但是近几天来，我们讲了一些好像和这个问题无关的话。我们已经忘记了这件事吗？不是的，我们已到解决这个问题的地步了。我们已经知道大部分的盐是由含有氧的酸和含有氧的金属氧化物发生化学反应生成的。所以我们可从这种盐里制取这助燃的氧。不过取哪一种盐来制氧，还须加以选择，因为含氧的盐大都结合牢固，不容易使它们放出氧来，正如磷酸和氧化锌一样。化学家告诉我们，含氧盐类中有一种物质叫作氯酸钾，含氧很多，而又极易分解。"

一瓶像小鳞片样的透明的白色物质，放在孩子们的面前。

叔父道："这个瓶里的白色物质就是氯酸钾，也是从药房中买来的。"

爱弥儿道："这很像烹调用的食盐。"

"是的，有一点像，不过它们的性质却截然不同。第一，食盐有咸味，而氯酸钾却没有咸味；第二，氯酸钾里含有多量的氧，而食盐里却并不含有氧。我现有要叫你们趁这个机会记清楚一件事。即我们上面所说的酸和盐，都含有氧，但是在化合物中另外还有一种不含氧的酸和盐，食盐便是不含氧中的一种。再者，大部分的盐类都有着和食盐一样的外观，无色透明的结晶体。这种表面上的类似，便是盐类得名的原因。"

"那么，照你说来，这种氯酸钾中一定含着助燃的氧。"

"是的，氯酸钾中含着氧，而且含得很多，在一把氯酸钾粉末中，竟可以制成好几升纯粹的氧。在这种物质里的氧被压缩得很小很小，而和别的东西相化合着。现在你们试从化学的语法，把氯酸钾这个名词的意义解释给我听。"

裘尔斯道："氯酸钾这个名词告诉我们，这物质是由氯酸和氧化钾发生化学反应而生成的。氯酸这东西我没有看见过，但是我知道其中含有一种非金属氯和一种助燃的氧。至于氧化钾，那常然含着助燃的氧和一种叫作钾的金属。从此可知，氯酸钾是含氯、氧、钾三种元素的化合物。"

"是的，氯和钾这两种元素你们都没有看见过，氯是一种有毒的气体，俗称氯气，在食盐中就含有氯元素。钾是一种和钙相似的金属，比钙更软，碰到了水也更容易着火，在木柴的灰炉中就含有这钾。但是今天我们对于这两种元素用不着详细讲述，你们只要记住，一切极普通的东西，若用化学的方法来把它检验一下，就可以得知许多奇异的事实。

"现在我们再来说氯酸钾，这是一种极易分解的化合物，只要略微加热，便能放出气体来。我们从前说红头火柴中有一种助燃物质，这助燃物质便是氯酸钾。"

保罗叔一边说，一边将一把氯酸钾粉末撒在炭火上，那粉末就发出气泡，渐渐熔化，使炭火骤然旺盛起来，好像在用风箱通风一样。

爱弥儿惊讶道："这炭火本来并不旺，为什么撒上一些氯酸钾粉末，就会这样地旺起来呢？你整天用风箱来扇，怕也不能使它烧得这样红热吧！"

叔父回答道："风箱中扇出来的气，只是空气，空气中所含不助燃的氮的分量，比助燃的氧的分量多，所以氧的助燃效力就不免减弱了。但是氯酸钾被热所分解而放出来的气体，却是纯粹的氧，这便是炭火所以炽燃的理由。"

说着，叔父又撒了一把氯酸钾在炭火上面，两个孩子注视着这易燃的物质怎样地产生气体，放出氧来助木炭的燃烧。

裘尔斯看了一回，忽然想着了一件事，他说："有一天我在园子里看见潮湿的泥墙上生着一种白色的粉状物质，我用鸡毛来把它刷在纸上，据人家说，这东西叫作硝，可以用来制造火药。我曾经把它放在炭火上，那木炭就猛烈地燃烧起来，像撒以氯酸钾一样。请问这种硝撒在火上，是否会放出氧来？"

"你在潮湿的墙上所见的白色物质，的确是硝石。它在化学上的名字叫作硝酸钾。这物质从它的名称看来，可以知道它是一种盐。它是由硝酸和氧化钾发生化学反应生成的，所以其中含着多量的氧，这氧一部分得之于酸，一部分得之于氧化物。你把它撒在火上，它就分解而放出氧，这足以解释它何以会使木炭炽燃。由此可知，从泥墙上集来的硝石，会发生和氯酸钾同样的作用，它们都容易分解，分解时都放出助燃的氧。然而，我必须让你们知道，硝酸钾不适于用来制造氧，因为硝酸钾的分解并不如氯酸钾那样地容易。要使硝酸钾放出它所含的氧，非仅仅加热所能办到，它必须与某种着火的可燃物质，如木炭柴薪等，直接接触才有效力。然而这样放出来的氧，为燃料中的碳元素所夺去，而化合为另一种复物质。因此，我们所要的氧依旧没有法子来捕集它。但是在氯酸钾只要略微加热，已经可以使它解放出所化合的氧了。"

裘尔斯道："我还有一个问题。"

"你尽管说。我很喜欢解答你的疑问，因为有缜密的头脑，才能发有意思的问题。"

"你把氯酸钾撒在炭火上的时候，它就开始熔化，然后发生气泡而放出所含的氧, 到最后只剩下一些不能燃烧的白色小颗粒。我要问你的, 就是这在炭火上剩下的白色颗粒是什么东西?"

"你问得很好, 因为这是一个很重要的问题。这剩下来的不可燃的白色颗粒, 是由于氯酸钾受热分解而得来的。试想, 氯酸钾中本来含着三种元素, 即氯、氧、钾。现在, 这三种元素中的一种氧, 已经消失了, 所以这剩下来的氯和钾两种元素就化合而成为一种和氯酸钾完全不同的化合物。这种化合物因为是由氯和钾化合而成的, 所以叫作氯化钾。

"现在我可以趁此机会告诉你们一条新的化学的语法规则, 即各种非金属元素能和各种金属元素相化合, 这种化合物一律称为某(非金属)化某(金属)。譬如氯和钾的化合物称为氯化钾, 硫和铁的化合物称为硫化亚铁。

"再回过来说制造氧的方法吧。从氯酸钾中制氧, 是最容易的一件事, 即使是一个不熟练的实验者也将感到毫不困难。他先必须设法取一种玻璃的容器, 将氯酸钾放在容器里, 使其分解。在没有适当的容器的时候, 一个低矮的大药瓶也可以应用, 不过须拣一块薄一些的玻璃, 而且要薄厚均匀。要使玻璃受热而不至破裂, 这两者是必要的条件。越是薄的玻璃, 在温度的剧变中越不容易破碎。试看这个杯子, 杯底有你们的手掌那么厚, 但是别的地方却都是很薄的。若在杯中盛了热水, 再倒入冷水, 或在杯中盛了冷水, 再倒下热水去, 都有破裂的危险。反之, 若是一只厚薄均匀的杯子, 将它去做同样的实验, 就绝不会有破裂的危险了。所以我们现在应该拣一个玻璃最薄的瓶, 而且要拣瓶壁、瓶底都是一样厚薄的, 我们的实验是否成功, 就全看这选择是否审慎。"

爱弥儿道:"不过我总觉得厚一些的瓶一定坚牢些, 适用些。"

"是的, 若就撞击或熔化而言, 你的话是对的。但是这里却并不是撞击的问题, 因为做实验的时候, 我们并不拿这个瓶子去撞击坚硬东西。对于熔化的难易，也是不成问题的，因为使氯酸钾分解所需的热，非但不能熔化玻璃，连使它软化都不够。不过我们所用的瓶子必须耐得住温度的变化，所以应该拣薄一些的玻璃。"

"假使盛氯酸钾的玻璃瓶破裂在炭火上便怎么样呢？"

"那也没有什么。不过那些氯酸钾都落在炭火上，而放出所含的氧使炭火特别地旺盛罢了。"

"然后怎么办呢？"

"然后我们就得另外换过一个瓶子。要是没有适当的瓶子，就只好用化学仪器中特有的烧瓶。这是一种无色透明呈球状的玻璃容器，器上有像手指那么长的一个瓶颈，可以从普通的药房中买到。这里的一个烧瓶，便是我最近从城里买来的。"

"这很像一种养金鱼的瓶子，我们只要花一两角钱，就可以把金鱼和瓶子一齐买了来。"

"这种金鱼瓶子要是真有这么大，那当然可以使用。不过这用以从烧瓶通送气体到钟形罩里去的弯曲管子，却不能用别的东西来代替了。这弯曲的管子是用玻璃制成的，药房中虽然有现成的弯曲管子出售，但是价钱很贵，我们不妨自己动手来做。在药房中有各种三四尺长的直玻璃管。我们只要买一种直径如铅笔那样粗的无色薄玻璃管，因为无色的玻璃比绿色的更容易烧软。我现在已买到了这种直玻璃管，所以就可照下面的方法去做。"

"要切取直玻璃管上的任意长短的一段，可先用三角锉（cuò）在要切断的地方锉了一条痕，然后用两手把玻璃管拿起，放在桌子的棱上轻轻一压，即折为很整齐的两段。其次便是怎样使这折下来的玻璃管通用于这一个实验。这手续是很简单的，只要把玻璃管上的要弯曲的各点先在火上加热熔软，然后一弯即成。若是易熔的玻璃，只需炭火的热度已经足够，不过要弯得角度准确，就非用一具酒精灯不可。所谓酒精灯仅是一只用金属或玻璃制的杯子或容器，内盛酒精，仿佛中国旧式的火油灯一样，不过灯芯很阔，而且都是用棉纱做的。烧时用两手执住玻璃管的两端，将管上需熔软的点，放在酒精灯的火焰上，时时用手指将玻璃管旋动，使受着均匀的热。等到那玻璃管软到可以弯曲的时候，就略微用力一弯，再让它慢慢地冷下去。

"这样弯成的玻璃管用一个有孔的塞子和烧瓶相联结，所用的塞子须与瓶口和玻璃管相密合，使气体不致从孔隙中漏出。因为气体是一种极精微的物质，只要有极小的孔隙，已能完全逸去。那么，这样的塞子是怎样做成的呢？

"拣一个木质细致形状完整的软木塞，用重物如石块、锤子之类的轻轻打几下，使它柔软而呈现弹性。然后用一端磨尖的粗铁丝，在火上烧红了，纵穿入木塞中，开成一个小孔，再用锉刀锉大，这样的锉刀因其形状而称为鼠尾锉。鼠尾锉的直径不能大于玻璃管的口径。用了这样的锉刀，我们可以把木塞中的小孔慢慢地锉大，至刚好能穿得进玻璃管为止。现在再拿起木塞来，用粗的平锉把木塞的外方对直地锉到刚好能插入烧瓶的瓶颈，然后再用细的平锉锉光，使与瓶颈相密合。你们应该注意，在处理软木塞的时候，无论怎样锋利的刀子，都不能担当锉刀所做的工作，因为软木塞若不圆整，结果就会漏气。要使实验成功，一个紧密的软木塞是必要的。所以在将来，我们的实验室里就不得缺少这四种锉刀。即一把细的三角锉，用以锉断玻璃管；一把圆的鼠尾锉，用以锉大木塞中所穿的小孔；一把粗的平锉，用以将木塞锉成适当的大小；一把细的平锉，用以锉光木塞的外边。"

保罗叔一边说话，一边做着示例，譬如怎样将玻璃管在酒精灯上加热弯曲咧，怎样穿木塞的孔咧，怎样用锉刀咧，都一一指示。不久，所有的东西已统统预备好了。

叔父接着又说："工具已经预备妥当，现在就好做实验了。但是我还有一句重要的话必须告诉你们。要使氯酸钾分解而放出所含的氧，本来只要加热就行，不过到了后来，那分解作用会渐渐呆滞起来，所以要使氯酸钾完全分解，而放出它所含的全部氧，必须加以熔融烧瓶那样的强热。然而因为要制备少许的氧而把烧瓶弄坏，牺牲未免太大。化学告诉我们，若用一种黑色物质混合在氯酸钾里，就可以使热量传布均匀而使其完全地分解。要是在这样的情形下，只要一些炭火的热已经尽够，而且对于烧瓶也毫无危险。

"我所说的黑色物质，恐怕你们要想到是炭屑吧。若是你们作这样想时，那就大错特错了。木炭和氯酸钾混合加热是一件很危险的事，因为这样会引起猛烈的爆发。这理由是很容易明白的。氯酸钾受热，即分解而放出所含的氧，这种气体碰着了受热的易燃的粉末，自然就突然爆发起来了。氯酸钾不能和可燃物质混合加热，这是很危险的事，我希望你们好好地记住！

"那么，使氯酸钾容易分解的黑色物质是什么东西呢？那必定是一种不能燃烧的东西，一种已经燃烧过，曾与氧相化合，而不能再起燃烧的东西。对于我们这实验的最好的物质，乃是一种金属氧化物。这种氧化物存在于某种矿石里，是一种黑色的粉末，化学上称为二氧化锰，普通的药房中都有出卖，价值很便宜。锰的本身是像铁一般的金属元素，纯粹的锰存在于自然界中的很少。锰和氧相化合，可以生成各种不同的金属和氧化物，我方才所说的二氧化锰，便是其中最常见的一种。

"现在我先撒了一大把氯酸钾粉末在纸上，用二氧化锰粉末来混合了，而把它们纳入像橘子形的烧瓶中。然后将附有弯曲玻璃管的木塞插入瓶颈，并把这个装置用三角形的铁丝架来衬着，拿去放在炭风炉上加热。

"在实验未动手以前，我们还须解决一个困难，因为我们要把制成的氧集在盛满了水，而倒立在水盆里的广口瓶中，所以须把弯曲玻璃管的一端，插入倒立着的广口瓶的口头，但是因此这广口瓶就不得不保持着一个倾斜的位置。要是这实验的时间长久了一些，那么，要用手来握住，就不免太费腕力，所以最好是要把这广口瓶用什么东西悬空地支持起来。但是把广口瓶垫高了以后，怎样还能通入烧瓶上的玻璃管呢？这是很容易的事。让我们用一个很小的，底下有孔的花盆，将盆的上边敲去了一半，使它的高度像茶杯一样。盆边的不整齐，是无关紧要的，只要倒置在水中时，它的底成水平，能够直立一个广口瓶就是了。最后，我们把破花盆倒放在水盆的中央，盆底的孔上倒立了广口瓶在盆边的大缺口处，通入那弯曲的玻璃管。像这样的装置，就可使从燃瓶中产生出来的氧，经过玻璃管，花盆，而补集在广口瓶里了。

"小友[1]，今天的题目已经说得很明白了。要说明我们的装置，实在比做起来更不容易。我保证明天的实验一定可以补偿你们今天枯燥无味的预备。现在请你们再去用捕机捉一只麻雀来，不过在下一次的实验中，我绝不会再把那小鸟儿弄死了。"

1.小友：是指年长者对所敬佩的年轻者的称呼。（编者注）

第十四章　氧

保罗叔曾经在谈话中屡次提到过氧，但是氧究竟是怎样的一种气体，他们却始终没有明白。现在他们可以看见这闻名已久的氧了。保罗叔将要把氯酸钾中的氧解放出来，做种种的试验。爱弥儿专心想这助燃的氧，甚至在夜间做梦，他在梦中看见烧瓶和弯玻璃管在火炉上做出各式各样可笑的跳舞，而关在玻璃墙壁里的氯酸钾及其伴侣二氧化锰，却在那里好奇地望着。等到梦中的幻影变为真实的经验——叔父把烧瓶放到炭火上的时候，爱弥儿不禁觉得好笑起来。

不久，在烧瓶里的物质虽然没有起明显的变化，但是在水盆中的玻璃管的末端却已有气泡发生了。事前预备来当为支架物的小花盆，现在就用来安放在水盆的中央，然后把一个有两三升容积的广口玻璃瓶盛满了水，倒覆在那个花盆底上。气体就从花盆底上的小孔中上升，而补集在玻璃瓶里。待玻璃瓶里充满了气体，保罗叔就拿了一只杯子，没入水中，而把玻璃瓶的口倒放在水杯里，使气体不致逸出。这样的手续完了以后，就可把充满气体的瓶子连同水杯一齐取出，预备实时的应用。然后再取第二个广口瓶来盛满了水，倒立在水盆中的小花盆底上，捕集气体，待气体充满后，又照前法取出。照这样地反复操作，一共捕集了四瓶气体。

爱弥儿道："一把的氯酸钾里似乎含着好多氧。"

"是的，确是不少，这四瓶子的气体并算起来总有十多升呢。"

"这十多升氧，统统是从氯酸钾里解放出来的吗？"

"都是从少量的氯酸钾里解放出来的。我不是说过，这一种盐是氧的栈房吗？氯酸钾中不仅贮氧，而且贮得极多。这种气体是被化学作用搞集来，压缩了打成小包而积贮在那里的。现在烧瓶里的氧还没有完全放出，我想把这个罐子也充满了。"

保罗叔说了，就用一个盛糖果的玻璃罐来盛满了水而倒立在水盆中的花盆底上。孩子们看见叔父用这样一种器皿来做实验，觉得非常可笑，于是叔父继续他的谈话。

"你们听见用这个糖果罐来做实验就觉得可笑吗？你们以为它盛过糖果就不配盛氧吗？这是没有理由的。我们只要用简便一点的东西，只要能够合用就是。照我们现在这样的装置，这实验做起来一定有很好的成绩，恐怕在完备的实验室里做起来也不过如此吧。

"这是一个有底的玻璃筒，我将要趁烧瓶中的气体还有多余的时候，把这个筒也用氧来充满了。现在你们看好，水中的气泡上升很慢。可见烧瓶中的氧已经在渐渐减少。但是烧瓶中混合物的形状却并没改变，其中所剩的二氧化锰还是和放进去的时候一样。它既没有增多，也没有减少，不过它曾经使热量平均地传布，而促进了氯酸钾分解的作用。至于氯酸钾，它此刻已失去了所含的氧，而变成我们昨天在炭火的灰烬中所看见的白色物质。简单地说就是，它已经变成了和氯酸钾截然不同的物质。够了，现在让我们把这些捕集来的氧，做起实验来吧。我们先把玻璃筒里的氧用去了再说。"

就用了以前的方法，即先用手掌在水底下把倒立着的玻璃筒的口掩住。保罗叔将玻璃筒从水盆中拿出来直立在桌上，然后用一片玻璃来盖住筒口。一方面，他又用一个洋烛头来插在一根弯曲的铁丝上，像实验氧的时候一样。接着，就点着了洋烛，待烛焰炽燃后，他又把它吹熄了，但是在烛芯上却依旧还留着将熄未熄的火星。

他说："这个洋烛头的火焰虽然已经吹熄，但是在烛芯上却依旧有着红红的火星。我现在要把它插入盛氧的圆筒里去，你们看好！"

他揭去了筒口的那片玻璃，把洋烛头插入圆筒。只听见"噗"的一声，烛焰又着了起来，放出明亮的光彩。然后他再把洋烛头拿出来吹灭了，待烛芯上的火星还未完全熄灭时，再插入圆筒，只听见"噗"一声，烛焰又重新着了起来，发强光而燃。这样试了又试，都得到同样的结果。爱弥儿看见这烛火的自燃，拍着手，表示非常的高兴。

他说："氧的性质和它的同伴氮是完全不同的。氧能够使将熄的物质炽燃，但是氮反使炽燃着的物质熄灭。保罗叔，你肯不肯让我来亲自试验一下？"

"当然可以，不过我告诉你，在这个圆筒里的氧恐怕快要用尽了，每当烛焰复燃的时候，它总用去了少许的氧。"

"但是，在那边的四个瓶子里不是还有好许多的氧吗？"

"这几瓶氧我还要用来做更重要的实验哩。"

"那么,我应该怎么办呢? "

"你只好用糖果罐里的氧来实验了,我希望你不要当它是糖果罐,只当它是一个玻璃筒就是了。"

"好,那也没有什么关系,我将遵从你的话。"

"对啊,这个实验中糖果罐和玻璃筒的效用是一样的。我之所以应用这糖果罐,是要使你们知道,就是家常的器皿也可用来做各种有意义的实验。我们在这里所用的玻璃筒,差不多是一种奢侈品。在我们这个小村落中是不大看见的。实际上你要复习这个实验,只要有一个广口的能插入洋烛头的任何瓶子或罐头都行。好,现在,你去做你的实验吧。"

爱弥儿把罐头放在桌子上,开始做方才叔父所做的实验,把烛火熄了又着,着了又熄,继续了好几次。所得的玻璃筒简直更好了。

叔父道:"你看,用这锑头不是很好吗? "

"是的,好极了。"

"所以我们要注意的不是容器,而是容器里所盛的东西。我们只要把洋烛头伸到氧里去,它自会复燃,对于盛氧的容器是玻璃筒,还是糖果罐,是毫无关系的。现在这实验已经结束,就把这洋烛头放在氧里,让它燃烧吧。你们看好,它不久就会燃尽的。"

果然,烛焰一没入氧中,就很猛烈地燃烧起来,它的火焰和在空气中燃着的完全不同,不仅极亮,而且很热,把烛上的蜡都熔成蜡泪而滴了下来。显然,在空气中可以燃烧一小时左右的洋烛头,在氧中只需燃烧几分钟就可以完结。最后,火焰因缺乏氧而熄灭了,保罗叔就继续着他的谈话。

他说:"在继续这个实验之前,我要告诉你们一件事。我们认识某种物质为酸,是由于其有酸味及能使蓝花变红的特性。但是从滋味鉴别酸,实际上是靠不住的,因为有些酸类的滋味极弱,往往为味觉所感觉不到。从蓝花变红的特性鉴别酸,是比较妥当的一个办法,不过做实验的酸如果是弱酸,那么，它也不能使蓝花变红。化学家知道在树皮或岩石上生着一种地衣类的植物，叫作石蕊，其中所含的蓝色色质，对于酸类有着很敏锐的感应。药房中把这种色质的溶液浸透在一种疏松的纸上，做成一种试验纸出售，称为石蕊试纸。

"这种石蕊试纸用于鉴别酸类最为便利，因为它一遇酸液就能很快地变成红色，比蓝色花更容易呈现反应。在这个匣子里的小纸片，便是石蕊试纸，现在我用玻璃棒在这瓶硫酸里蘸了一点液体来，滴在这石蕊试纸上，这试纸就立刻变成了红色，这样使我们知道在这个瓶子里的液体是一种酸。"

裴尔斯道："如果石蕊色质能为酸所变红，那么，它一定和蓝色花一样，也能为可溶解的金属氧化物所变绿，而使我们借此鉴别某种物质是否为金属氧化物。"

"你的推测虽然似乎很有理由，但实际上却并不如此。石灰及其他可溶解的金属氧化物并不能使石蕊色质变成绿色。不过石蕊色质一经为酸液所变红，则遇可溶解的金属氧化物能复变为原有的蓝色，所以药房中的石蕊试纸有两种，一种是保存原来颜色的试纸，称为蓝试纸，一种是已为酸液所变红的试纸，称为红试纸。其实，在实际的应用上只要备一种试纸已够，不过为应用时的便利起见，普通的实验室中大都兼备两种试纸。现在我蘸了一点石灰水来滴在刚变成红色的试纸上，这试纸就立刻又变成原有的蓝色了。如果我再把这蓝色试纸用酸液来滴上去，它依旧会变成红色。这红色试纸更遇石灰水，而复现蓝色。像这样地将试纸从蓝变红，又从红变蓝，可以无限制地反复着，从此，我们就可借以试验某一物质是酸，还是可溶解的金属氧化物。即凡使蓝试纸变红的物质是酸，凡使红试纸变蓝的物质是金属氧化物。

"假使我们手头没有石蕊试纸，那么，就只能用蓝色花来代替。最好先将许多蓝色花用锤子捣烂，然后和水搅匀，这样制成的浅蓝色水溶液，就可作为石蕊试纸的代替品。这种水溶液遇酸呈红色，遇可溶解的金属氧化物呈绿色。所该注意的就是，弱酸不能使这种蓝色花的水溶液变成红色，所以在其真的试验以石蕊试纸为宜。

"我们的插话已经完了，现在可以再进行实验。我们要在含有氧的瓶子里燃烧一些物质，看它燃烧时的样子。先用硫来试。

"照着前回在盛氮的瓶中燃烧磷、硫的方法，我用一片碎瓦来做成一只小杯，又用一根铁丝，一端弯成了圆形，把瓦片放入。然后将铁丝插在一个大的轻木塞里。这个瓶里不但用以盖住瓶口，还用以保持瓦片的位置。若是没有软木塞，那么，一片圆形的厚纸，也可以合用，铁丝的另一端露出在软木塞或厚纸之上，以便升降瓦片，使之适当地吊在瓶子的中央，而有充分的氧的供给。"

保罗叔做好了这样的预备，就小心地把倒立在水杯中的大瓶子，连同杯子一起移置在水盆里，然后在水底下将杯子拿开，而用手掌来掩住了瓶口。照这样的方法，自然很容易地把瓶子拿出来直立在桌子上，而不会使瓶子里的氧与外界空气相混杂。将一片小玻璃盖在瓶口，作为暂时的瓶盖。在插入软木塞中的铁丝一端的瓦片里，装好了小粒的硫黄，然后保罗叔点着了硫黄，把铁丝伸入瓶中，那瓦片就为软木塞所吊在瓶子的中央。

在普通的情况下，硫黄的燃烧很迟缓，发光也很微弱，这是任何人都知道的事。所以对于此刻的燃烧，不能不使两个年轻的化学家觉得奇怪。在事前，叔父曾经说把百叶窗合上，以免有日光穿进来，减暗了燃硫的光彩。这硫黄在燃烧的时候，发生极强烈的臭味，同时并放射出一种美丽的蓝光，把室内照得像在水底一样。

爱弥儿拍着手，兴奋地叫道："好看啊! 好看啊! "

燃硫的烟气从瓶中透出，屋子里散布着一种使人窒息的异臭，所以当火焰熄灭后，保罗叔就把窗子打开了。

他说："完了，这硫已把瓶子里的氧用尽了。关于硫在氧中燃烧的情形，现在我不细说了，因为你们的眼睛会比我的话有更恰当的评判。它们告诉你们，硫在氧中燃烧时所生的热和所发的光，与在空气中燃烧时的不同。现在我要进一步问，方才燃烧的硫此刻怎样了。即硫和氧化合了变成些什么东西呢？它变成了一种有异臭的不可见的气体，一种使人咳呛的气体。其中的一部分已散逸在空气中，我们的嗅觉，我们的咳呛，都告诉我们这个事实。但是其中的大部分依旧还留存在这空瓶子里。现在我们要用石蕊试纸来试一试，看它是什么东西？不过在未试之前我们得把这种气体溶解在水里，因为干燥的物质是不能和石蕊色质发生反应的。我先在瓶子里注了一些水，加以振荡，使瓶中的气体溶解在水里，然后把这水溶液滴在蓝色试纸上，试纸便变成了红色。现在这石蕊试纸告诉了我们些什么？"

裘尔斯道："它告诉我们这水溶液是一种酸，也就是硫燃烧变成的一种酐。"

爱弥儿插口道："这个办法倒很便当。照理，我们要辨别某种物质是否为酸，只好用舌头去尝得它的滋味，但是用了石蕊试纸，我们就可以用眼睛来看了。"

叔父赞同他的话，说道："那的确是很便当的。你们想，对于一种看不见的感觉不到的物质，我们要知道它是什么东西，是非常困难的。现在我们将它的水溶液去问石蕊试纸，它却立刻就回答我们说：'这是一种酸。'"

"它有没有说这水溶液有酸味？"

"当然咯，凡是能使蓝试纸或蓝花变成红色的东西，都有酸味。"

"不过你怎么知道石蕊试纸说的一定是真话呢？"

"你们可以自己去蘸一些来尝。你们不用害怕，因为这液体中的水分很多，滋味是很淡的。"

先由叔父做了示例，孩子们才去蘸了些水溶液来尝，觉得它的滋味果然有一点酸。

爱弥儿说:"酸是有一点酸,只是滋味很淡,不像磷酸那样地强烈。"

"它的滋味虽淡,但既有酸味,总是一种酸。照这样看来,我们的味觉是和石蕊试纸相一致的,它们都说这水溶液是一种酸。这种酸的名称叫作亚硫酸,而那种由硫和氧化合而成的使人发呛的臭气就叫作亚硫酐。"

裴尔斯道:"你曾经设过另一种用硫来造成的酸,叫作硫酸,是不是硫造成了两种酸?"

"是的,孩子,硫造成了两种酸,一种含氧较少,一种含氧较多。含氧较少的,酸性也较弱,称为亚硫酸,含氧较多的,酸性也较强,称为硫酸。仅仅用了燃烧的方法,无论在空气中或在纯氧中,硫只能夺取某定量的氧,而成为亚硫酐,所以溶在水里就只能成为亚硫酸。化学上另外有一个简洁的方法,能够使硫和氧尽量化合而成为硫酐,这硫酐溶在水里就成为硫酸。关于硫,现在已经说得够了,让我们看,碳在纯氧中燃烧曾产生怎样的结果?"

在铁丝的一端,系着小指大的一条木炭,另端穿过那当为瓶盖的圆形厚纸片。然后保罗叔在烛火上将木炭燃着了一角,随手把它插入另一个事前预备着的盛有纯氧的瓶中。

这次所发生的景象,可与方才在纯氧中燃烧的情形相媲美。在为烛火所燃着的一角,本来只有一个极小的火星,但是一放进瓶中,就发生一个明亮的炽热的火焰,很快地蔓延到木炭的全部,而把它变成一个高热的小熔炉。它发出一种白热的光,向各方射出火花,好像在瓶子里关着许多流星。木炭自插入瓶中至完全着火,只是瞬息间的事,在空气中即用风箱通风,也没有这样地快。爱弥儿眼也不眨地望着这燃烧的木炭,说道:

"这热,这光,和这些火星,在空气中我也做得出来。只要把燃着的炭火放在风箱口处,它也会像在这瓶子里一样地燃烧。"

叔父接着道:"那是当然的事,风箱中吹出来的是空气,也就是混杂着多量氮的氧。氮虽减弱了氧的效应,但是很快地不绝地通风,也能使木炭炽燃, 好像在这瓶子里一样。"

最后, 瓶子里的氧已经用尽了, 木炭的光渐渐暗下去, 终至变成黑色。在事前合上了的百叶窗, 这时又打开了让太阳光进来。

保罗叔道: "燃过了的碳变成了什么东西? 这个问题我们必须解决它。在这个瓶子里剩下了一种不可见的, 差不多没有臭味的气体; 要是我们单单信托我们的嗅觉和视觉, 一定要以为瓶子里的东西并没有改变。但是我们若把瓶子里的气体加以仔细的检验, 就可知道它是和氧完全不同的。第一, 瓶子里的木炭在开头的时候, 燃得很旺盛, 现在却已不能燃烧了。那么, 用燃着的烛火来插进去, 当然也不能燃烧了。看好! 我把这燃着了的一烛火插下去, 未及瓶颈, 它就突然熄灭了。可见此刻的瓶子里已经没有氧, 要是有, 这烛火一定会很旺盛地燃烧的。

"还有一个实验, 我在这瓶子里注了一点水然后振荡了一下, 让瓶子里的气体溶解在水里, 再用一张蓝色试纸来放下去, 那试纸就变成了淡红色。可见这水溶液又是一种酸了, 也可见现在这无色无臭的气体是一种酐, 性质和氧不同。这一点不同, 显然是由于碳 (即木炭) 和氧的结合。因此我们可以下这样的一个奇特的结论, 在这种无色透明的气体中, 含着少量坚硬而重的碳。"

爱弥儿同意道: "那是一定的, 不过假使有人对我说, 在这透明的气体中含着黑色的碳, 而不替我证明, 我一定不会相信裘尔斯, 你说是不是? "

"是的, 说一种看不见感觉不到的气体中含有碳, 是极难相信的。假使保罗叔不一步步教导我们到现在这个样子, 一开头就告诉我们说, 在这个看不见什么的瓶子里有碳, 我们一定会望着他惊讶不置。可是现在证据确凿, 已不容你产生疑问了。这燃过的了木炭已经变成气体, 其水溶液能使蓝试纸变成红色, 因此这气体是一种酐, 这水溶液是一种酸。不过这酐和酸该叫作什么名字? "

"试着就你们以前所学的化学的语法，自己叫出它们的名字来罢。"

"噢，我忘记了。木炭就是碳，碳的后面加了一个酐字就成为碳酐[1]，这是由燃碳而生成的气体的名字。"

爱弥儿问："这碳酸也有酸味吗？"

"当然有酸味，不过它的滋味比较的淡，而且在这瓶子里有着很多的水分，所以它的酸味差不多是感觉不出来的。蓝色石蕊试纸不能完全变成红色，只微微现出一点淡红色，其理由也和这个相同。但是将来有机会，我一定使你们相信碳酸的确是有酸味的。现在让我们再预备第三个盛氧的瓶子来做实验。在这个瓶子里我要燃烧一些铁。我烧这铁，并不先在熔炉中把它烧到赤热，像铁匠打铁一样。我只把它用一根火柴来点燃，像点燃爆竹的药线一样。"

爱弥儿好奇地问："这铁能为火柴的热力所引着吗？"

"当然，点燃爆竹的药线，也不过这样容易。这里是一根没有用的表上的旧发条，是我向钟表匠那里讨来的。在这个实验中，这样形状的铁最为合用，因为它占有最大的面积，以与氧相接触。若是没有发条，那么，最细的铁丝也可用。现在把这发条用砂纸来将锈污擦去，并在炭火上加热，使它的质地变得软一些。然后我把它绕在一支铅笔杆上，使成为螺旋形拉长，使附有火柴的一段恰在瓶子的中央。假使用铁丝，那么，上面的几种手续也是不可省的，即是把铁丝用砂纸，用木杆绕成螺旋形，用火柴卷在螺旋形的一端。"

上述手续都已预备妥当，第三个盛氧的瓶子也已直立在桌子上，但在瓶底还留着两三吋的水。

爱弥儿似乎对于这水有一点不放心的样子。说："这瓶里还留着一些水呢？"

1.碳酐:即碳酸气，也称二氧化碳。（编者注）

"是的，这水在这个实验中是有用处的。要是没有水，我们须特地倒下去。至于这水的用处，你们将来自会知道（不用水，用砂药亦可）。现在把百叶窗关起来，我们要开始实验了。"

待屋子一暗，叔父便把火柴点着，将螺旋状的发条伸进瓶子里去。于是火柴突然发出强光。不久，发条也着火了，射出明亮的火星，像花火一样。这个以铁为燃料的奇异的火焰，渐渐延向上方，凡已经燃过了的部分，都熔融而凝为小球，闪耀着炫目的光亮，随后因愈积愈大，便沉重地滴了下来，在水中发出"嗤嗤"的声音。接着第二、第三颗凝成球状的熔融物，也一一从发条上滴下。这种赤热的熔融物在水中并不立即熄灭，比较大的几颗，甚至把玻璃熔软，而嵌入在里面。要是瓶底没有冷水，瓶底的玻璃一定会被它的高热所熔穿。

孩子们肃静地注视着这铁为氧所吞噬的把戏，但是爱弥儿看了心里不免有一点害怕。熔融的小球滴在水里的"嗤嗤"声，冷水不能立刻把熔融的小球熄灭，发条燃烧时的爆发，火星射在瓶壁上的淅沥声，凡此种种，合成了一种奇异的景象。这孩子双手遮住面孔，显然以为将要发生什么爆炸似的。但结果却并不会发生什么事，只在瓶子上裂了几条碎痕。于是保罗叔打破了这沉寂的空气说道：

"爱弥儿，铁会不会燃烧？现在你相信了吗？"

爱弥儿答道："我相信了，铁是会燃烧的，并且烧得很猛烈，差不多像火花一样。"

"你呢？裘尔斯，你对于这实验有什么意见？"

"我以为这实验比燃镁更有趣。镁这东西我们本来没有看见过，所以它的燃烧，在我们看来倒并没有什么稀奇。但是燃铁的情形与燃镁不同，铁是我们常见的东西，就我们过去的经验着想，总以为铁能够抵抗火，然而现在我们却看见它像爆花柴[1]一样地燃烧，这当然会使我们更觉得奇怪了。而且尤其诧异的是那些熔融的小球滴下后，还能在水里继续发出红光，并不立即熄灭。"

"这些滴下来的熔融物，实在并不是铁，而是一种铁的氧化物。我要从这瓶子里拿出几颗来给你们仔细检视。你们看，这是一种黑色的物质，能被手指的力量所捻碎。假使它们是纯粹的铁，就绝不会如此。它们的脆弱性指示出其中有别的元素存在，这元素就是我所说的氧。在铁匠打铁的时候，你们看见从赤热的铁上飞射开来的黑色易碎的小鳞片，就是这一种东西。它们都是经过了燃烧的铁，也就是经过了氧化的铁。你们还须注意，在瓶子的内壁，现在有着一层微红色的微尘，这是以前所没有的。你们知道这红色的微尘是什么？它们看去像什么？"

裘尔斯答道："这很像是铁锈，至少它的颜色像铁锈。"

"这的确是铁锈，你们应该记住——铁锈是铁和氧的化合物。"

"那么，在这瓶子里有两种铁的氧化物吗？"

"是的，有两种，不过它们所含的氧的分量是各不相同的。落在瓶底的那种黑色物质含氧较少，凝聚在瓶壁的这种红色粉末含氧较多。关于这个问题此刻我不再详说，因为将来我自会说到。现在，你们且注意瓶底的裂痕，和嵌在厚玻璃里的黑色氧化物罢。"

爱弥儿说："这种氧化物在当时一定很热，所以到了水里尚会把玻璃熔软。我曾经看见铁匠把烧红的铁放到水里去，但这铁一到水里，立即熄灭，决不会像这个样子。"

"这样说来，是不是瓶子里必须放一点水吗？"

"是的，要不然，这瓶底一定会被熔穿！

"不但如此，而且这瓶子还会因突然的高热而爆裂。当第一滴的熔融物

1.花柴：棉花长老以后拔掉、晒干，用来做干柴，被称为"花柴"。（编者注）

落下时,瓶子就将破碎而不能继续做实验了。我们当初幸亏留着这一层水,瓶子上虽然有几条裂痕,但总还可以应用。"

桌子上还剩第四瓶的氧没有用。在笼子里吃着面包屑,活泼泼地跳跃着的麻雀,正在注视着他们的实验。但是现在,这实验却要轮到它身上来了,虽然据叔父的声明,这一次绝无生命的危险。前回,孩子们从麻雀的死,知道氮是不能呼吸的,又知道火在纯氮中不能继续燃烧,同时生命在纯氮中也不能继续维持。那么,现在这一只麻雀又将使他们知道些什么呢?它将使他们知道呼吸不含氮的纯氧,将有怎样的影响。保罗叔把麻雀拿出来放到最后的一个盛氧的瓶子里去。

在起初,并没有特别的事情发生。隔了不久,这麻雀的行动反而比平常更活泼起来,它跳跃着,拍着翅膀,顿着脚,用嘴来啄着瓶壁,像患了热病而发狂的样子。后来它的嘴里急促地喘着气,胸部猛烈地搏动,显得已筋疲力尽了,但是它的像发狂一般地动作还是有增无力,为了要防止它有生命的危险起见,保罗叔急忙把这麻雀放回到笼子里去,在那里,它的狂热病在几分钟里就减退了。

于是叔父说:"我的实验已经完结了。从此可知,氧是一种可以呼吸的气体,动物能够生活在这种气体里,所以它的性质是和氮不同的。不过在纯氧里,生命的力非常强烈,甚至于逸出了常规,你们看了麻雀的那种激动情形就知道了。"

裘尔斯道:"是的,我从不曾看见过这样兴奋的麻雀,它简直像着了魔一样,你为什么这样要紧地把它从瓶子里拿出来呢?"

"因为再长久了,就会把麻雀杀死。"

"那么,氧是一种毁灭生命的气体吗?"

"不,氧是能够帮助生命的。"

"你的话我不懂。"

"试记起燃着的洋烛伸到纯氧中的情形吧？它在那里，燃烧得非常猛烈，在瞬息之间耗去了许多的烛脂。火焰放射出明亮的光和呈现着异常的活气，但所经的时间，极为短暂。生命在纯氧中和烛火一样，它的生活的精力虽然强大，但为了过于多用，就经不起长时间的浪费。我们可以这样说，这动物的机器因为开得太快，所以像一切速率超过常理的机器一样，顷刻间就破坏而停止了。你们见刚才的麻雀，是怎样地富于活气，而又怎样的疲乏啊！无论如何，这小机器一定就要毁坏的，这便是我急忙把它拿出来的理由。这一只麻雀，明天还有用处，你们好好地把它看管着吧。"

第十五章　空气和燃烧

在第二天,那只疲乏了的麻雀,由于爱弥儿小心地看护已经完全复原了,和以前一样地活泼,一样地有食欲。前一天捕集来的氧已统统用尽,保罗叔就叫他的侄子们自己再去制备一些氧和一些氮。孩子们听到了这样的命令,都非常高兴。他们照着叔父的样子循序做去,果然取得了极大的成功。这一半虽由于叔父在旁边随时加以指导,但一半也由于裘尔斯和爱弥儿手速的敏捷。当这两种气体捕集了以后,新功课就开始了。

保罗叔道:"氧是唯一的可呼吸的气体,唯一的维持动物生命的气体,也是唯一的使物质燃烧的气体。但是昨天的实验,已经替你们证明它的能力太强了。这些能力必须加入一种不活泼的气体来减弱它。过于浓烈的酒,喝了有害于健康,可以用水来冲淡。同样,因为纯粹的氧太强了,不适于呼吸和普通的燃烧,所以须用不活泼的氮来减弱它。在我们四周的大气,便是这样的一种混合物,这种混合物中的氮,便相当于酒中的水。

"在钟形罩里燃磷,可以使我们知道空气是由1/5的氧和4/5的氮所组成的。现在我们要把这个实验又反转来做,就是要用这两种元素来做成空气,这个瓶子是氧,那个瓶子里是氮。我们若是用一份的氧和四份的氮来混合了，当然会得到和我们生活在其中的一样的空气，它可以使洋烛缓缓地燃烧，它可以任动物安然地呼吸。那么，我们用怎样的方法把它们混合起来呢？

"没有比这更容易了，我用水来充满钟形罩，然后用一满瓶的氧气置换其中的水。我用来当作衡量标准的瓶子原是随意选择的。不过你们应当注意，像这样的瓶子必须拣小一点的，使钟形罩的容积能够容纳全部的混合气体。在这个钟形罩里已经有着一瓶子的氧，现在我再用同样的瓶子装了四瓶子的氮来放到钟形罩里去。于是钟形罩里有着五瓶子的气体，即四瓶氮和一瓶氧，这便是燃磷的实验所告诉我们的空气的分量。因此，这个钟形罩里的气体和我们呼吸的空气完全是同样的东西，我们可以用下面的两个实验来证明这个事实。

"我用一个小玻璃筒或小瓶子来装满了这种混合气体，然后将烛火伸下去，试验就看见烛火发着普通的光而继续燃烧，也不太快，也不太慢，和在空气中一样。可见这贪吃的氧自从用氮来稀释之后，它的食欲已经减弱了。

"现在我们再用麻雀来试验。我把钟形罩里的气体移置在一个广口的大瓶子里，然后将麻雀投入瓶中。你们看有什么特别的事情发生？完全没有。这小鸟关进在这个新的牢狱里，虽然十分惊惶，试图逃走，但是并没有呼吸困难的表示。它的胸部照平常一样地搏动，它的嘴并不因喘气而张开。总之，这麻雀在玻璃瓶里和在竹笼子里一样地在呼吸，可见钟形罩里的空气和外边的一样。为了要使你们确信起见，我可以让这小鸟在瓶子里多住几分钟，因为在这种人造的空气里面，并没有死亡的危险。"

孩子们对于这个实验非常高兴，仔细地望着这麻雀，诧异它能够继续生活在他们自己所造的大气中。

叔父道："好了！我们要知道的都已知道了，把这麻雀放了吧！"

裘尔斯拿起瓶子，跑到窗口，把瓶盖揭开，那麻雀就扑着翅膀飞到邻家的屋顶上去了，也许它要把在化学实验室中的奇遇告诉它的同伴吧！

爱弥儿心里想："它对同伴将怎么说呢？它将告诉它们关于这玻璃笼和它在氧中的热病吗？"然后他又对叔父说道："那么，瓶子里的空气和我们呼吸的空气是一样的了？"

"是的，几乎一样。它也是由适当分量的氧和氮所混合而成的。它能保持洋烛的火焰和动物的生命。我们用了氧和氮可以造成像我们呼吸着的一样的空气。"

"那么，麻雀所呼吸的空气，我们也能呼吸吗？"

"那当然可以，因为它和在我们四周的空气是一样的。"

"我之所以要这样问，是因为我奇怪，我们能够住在我们自己用药品以及瓶子和玻璃管等公共造成的空气中。并且还有一件更其诧异的事，我们在这里所有的氧，是从一种含有氧的盐类（氯酸钾）制成的。你曾经告诉我们，含氧的盐是很多的，这种盐只要不难分解，我们都可以从其中制出氧来。我所特别感兴趣的是，那种造屋子的盐。"

"你是说石灰石即碳酸石灰吗？"

"是的，是碳酸石灰。这种盐也含着氧，是不是？"

"是的，含氧便怎么？"

"假使石灰石含氧，这氧能够拿出来吗？"

"能是能够的，不过过程很麻烦，实行起来非常困难罢了。"

"不要紧，只要能够就行。那么，我们可以这样想，化学告诉我们，石灰石能够像空气般地供我们呼吸，这样的奇想岂不有趣！"

"你想得太远了，不过从石灰石里的确可以制出氧来，这是很可能的事。"

裘尔斯听了叔父回答爱弥儿的话，不觉奇异地问："我们真能呼吸用一部分石灰石来造成的空气吗？"

"为什么不能？你们只要想，呼吸器官比我们柔弱的麻雀，尚能呼吸用氯酸钾里的氧来制成的空气。这氯酸钾不也是一种矿物质吗？你们须知有几种元素今天变成这种东西，明天变成那种东西，后天又变成另一种东西，既不增多，也不减少。现在趁这机会，我将把这种奇异的变化同你们说一说明白。"

"当石灰窑里烧石灰石（碳酸石灰）的时候，就放出一种无色透明的碳酐气体来散失在大气中。你们须知蔬菜、果木等，能够用丝叶吸收空气中的碳酐气体来当作食物。这种碳酐气体的来源，虽然千千万万，但石灰窑至少是其中的一种。植物吸收了碳酐气体后，就把它分解为碳、氧两种元素，它们留住了碳，而把一部分纯粹的氧放还空中。这种氧弥散开来，就成为空气的一部分。照这样说来，在我们呼吸的空气中，谁能否认是当有从石灰石（即建筑用的石子）里放出水的一小部分氧呢？可见这种从建筑用的石子里放出来的气体，有时候的确能够维持我们的生命。元素不住地从甲化合物跑到乙化合物里去，当物质分解时，它们所含的元素就去化合成别的新物质。所以这种为一切物质的材料的元素，一脱离某种物质，就又出现于另一种物质中。凡氧，无论是从空气中来的，从氯酸钾中来的，或是从烧石膏、铁锈、大理石以及石灰石中来的，始终是同一性质的氧，它在自然界的分量既不增多，也不减少。因此这同一的氧，或使铁片生锈，或将柴薪变成灰烬，或造成小石而被舍弃在路旁，或进入血液而循环于动物的血管中。谁知道一片面包中的碳是从哪里来的呢？谁知道这碳从前曾经是什么东西和以后将要变成什么东西呢？总之，我们对于一个气泡的氧或一块小小的石炭，要追根究底地去查考它们过去和将来所造成的东西，是一件不可能的事。

"闲话说得太多了，现在我们再回过来说一说关于人造空气的事。方才我把氧和氮混合在钟形罩里的时候，你们看见并没有发生什么作用，没有热，没有光，也没有任何变动，凡是普通伴着化学作用所发生的事，这里一样都没有。可见由氧和氮放在一起而制成的空气，并不是化合着的，只是混合着的。但是我要告诉你们，这两种气体若是用了一种特别的方法来化合了以后，却能变成一种和空气完全不同的物质。这物质的水溶液，叫作硝酸，性质猛烈，能够溶解大部分的金属；我们的皮肤接触了硝酸，就会转成黄色，终至一片片地脱落。由此可知，仅仅把这两种气体混合了，制成硝酸，不仅可以毁损我们的皮肤，还能杀死我们。

"在这里请你们特别注意，用同样的两种元素来造成的两种物质，其性质未必相同。这一种不同，以前你们曾经看见过，混合了的硫黄和铁屑与化合了的硫黄和铁屑，不是完全不相同吗？

"所以空气是四份的氮和一份的氧的混合物。氧能够助燃、助呼吸，而氮却只能冲淡空气中氧的力量。呼吸作用是怎样的一种变化，值得我们仔细地研究，不过此刻还不是适当的时候，等我们将来得到了某种知识，后再来详细地讲述，此刻我们且来注意燃烧这个问题。一种物质燃烧时，就和氧相化合，所以在每种燃烧作用中，必定有一种可燃的物质和一种助燃的氧。让我们对于这个事实，再作进一步的讨论。

"我们要使火烧得旺盛，应该怎么办呢？我们须用风箱来吹燃料，木柴、煤、木炭，上通过空气，风箱一抽一送，火就渐渐旺盛。燃着的煤起初本为暗红色，渐渐转成鲜红色，终至变为白色。这是因为空气供给燃料以多量氧的缘故。但是假使我们要使燃料耐烧，就该怎么办呢？我们须用灰来把火遮住，使燃料不多与空气相接触。在这种遮蔽物的底下，燃料的消费很省，所以能够经历较长的时间。

"可见要使火烧得旺盛而发生高热，必须供给适量的空气。在燃烧炭结的脚炉中，燃料为灰炉所盖住，不易与空气相接触，所以燃烧缓慢，热度很低，但它却能经历较长的时间。在铁匠店的鼓风炉中，燃料的耗费极大，那些从风箱中振出来的气流，不但使火焰旺盛而放出高热，并且还造成一种小小的旋风。你们试着记起客厅中所装的火炉吧，当清除灰烬，装入燃料，引火燃着了以后，就发出哄哄的声音而炽炽起来。"

爱弥儿问："它为什么要发出'哄哄'的声音来呢？"

"我正要把这个原因解释给你们听。假使灰膛的门开了，火炉就旺盛起来，假使闭了就渐渐熄灭下去。这是什么道理呢？这显然是因为当灰膛的门开着的时候，就有一些东西由这个入口处发噪音而冲进火炉里去。这东西是什么，是不难想见的。试把你们的手移近灰膛的门边，你们就将感觉到有一阵急速的气流。所以这东西一定是空气，而这空气从炉底发噪音而冲进去的现象，就称为通风。风炉中发出'哄哄'的声音，一定有很舒畅的通风，也就是有许多的空气从燃烧着的燃料中通过，所以火焰旺盛，并放出多量的热。一个熄灭下去的火炉，它的通风一定很迟缓，空气进去的很慢，火焰也很微弱。所以火炉的旺盛与否，完全由于空气进入于炉膛中的通畅与否，也就是通风的有力量与否。

"现在让我们来追究这通风的原因吧。在一个热的火炉上面，扬着一张燃烧着的纸片，你们可以看见那些灰烬都飘向上方，有时候竟一直飘近天花板。那些灰烬虽然分量很轻，但是没有外界的力量，决不能自己飘扬起来，可见它们之所以能够向上飘扬，一定由于被一种上升的气流所推动。当空气经过燃料时，即因受热而膨胀，因膨胀而质地疏松，因质地疏松而分量减轻，因分量减轻，就成为上升的气流。但是上面的热空气不绝地上升，下面的冷空气也势必不绝地冲入，以补充它的空缺。这种冷空气一到了炉膛中，又因受热而上升，于是热空气和冷空气继续互相交替，就造成了所谓通风。空气虽然是无色的，不可见的东西，但是我们从灰烬的飞扬，却能推知气流上升的情形，这正如水面有落草漂浮而悟到，这水是在流动着的一样。

"我还有一个实验要告诉你们，待火炉生着的时候去做。用手掌大小的圆纸剪成螺旋形的纸带，把这个螺旋形的中心用线来吊在火炉上面，那纸带就下垂而成螺旋钻的形状。如果这火炉是炽热的话，那纸带的表面对垂直上升的气流是斜的，因此热空气不断地上升，纸带的表面就不断地被气流所推动，于是纸带就不断地向后退旋。纸带的上升和风轮的转动，理由也是如此。

　　"从此可以证明，空气受热就减轻分量而上升，同时，冷空气就拥过来占据了它本来的位置。热空气上升的推力，使我们的螺旋纸带旋转，而纸灰的飞扬，也同样由于这气流的作用。现在你们总该明白，我们说这火炉有良好的通风，其实际的意义究竟是怎样的。如果烟囱里，房间里，门外边的空气有着同一的温度，那就绝不会有通风。只在火炉生着的时候，烟囱里的空气受了热，才会不断地上升而引起通风的现象。凡空气越热，烟囱越高，就越易通风。当热空气上升的时候，较重的空气就冲入着火的燃料中使它炽燃，同时，就因受热而在烟囱里上升。因此，当火炉炽燃的时候，就永远有一流空气在炉底和烟囱顶不断地通过。这气流在中途通过燃料时，必以所含的氧供给燃烧，等到气流自身热了以后，以及其中的氧和燃料中的碳相化合了以后，就作为燃烧时发生的煤烟，一同向烟囱里上升，而依旧散逸在外界的空气中。烟囱所以出烟，火炉所以发'哄哄'声，便是这个道理。通风的作用好像一只自动的风箱，当空气中的氧元素用尽时，就重新给以新鲜的空气，使燃料继续燃烧。所以要生一个旺盛的火，必须依照下述规则让新鲜的空气通畅地从炉底进入燃料中，以助燃烧。让已经用尽了氧的空气通畅地从烟囱中排出，以便容纳新鲜的空气。"

第十六章　锈

　　孩子们在园子里看见了一把锈了的旧洋刀。若在几周前，他们对于这无用的锈铁，一定不会加以注意，这东西非但不值得去拾，简直连望都不值得去望。但是自从他们的叔父对他们讲过了金属的燃烧以后，他们对于事物已有一种不同的看法，所以见了这一片旧铁，就视为是种值得考究[1]的东西了。知识是思想的最适宜的滋养料。在无识者所视为毫不顶要的东西，有识者会拿来考究，并且往往从此发现真理。裘尔斯拾起了旧洋刀，立即注意到这红色的铁锈很像在盛氧的瓶子中燃铁时附着在瓶壁上的粉末。他叫他的弟弟留意到这样的相似。

　　他们说："这是一片旧铁，绝不会在盛氧的瓶子里燃烧过，然而它所生的铁锈却和那根发条所生的一样。这是什么缘故呢？让我们去问问保罗叔吧。"

　　在上课的时候，保罗叔就回答他们说：

　　"大部分的金属，如果擦光了放着，它的光泽会渐渐暗淡起来，表面生着一层像皮一般的东西。若是你用刀来切断一片铅，在切面上就露出银白色

1.考究：查考研究。（编者注）

的光泽。但是歇了几时，这种光泽渐渐暗淡，终至成为暗灰色，像其他的部分一样。铁和钢也和铅一样，当一件用铁或钢来做成的物品刚从厂中擦亮了，拿出来的时候，它的色泽是非常光亮的，差不多像银色一样。但是在空气中放置了一时之后，它的色泽就渐渐暗淡，并且在表面上生着红色的点子，逐日扩大，到了最后，甚至于布满全表面，而深入铁的内部，这样的作用我们叫作生锈。日子久了，这铁会完全变成松脆的像泥土一样的红色物质。你们在园子里找到的那把旧洋刀之所以会变成现在这形状便是为了这个缘故。

"铅也会生锈，不过情形有一点不同。它并不变成红色物质，却变成暗灰色的物质。很快就布满在铅的新切面上的暗灰色薄层，便是铅所生的锈。同样，锌也会生锈，锌的内部本为银白色，表面生了锈就成为青灰色；铜也会生锈，铜的内部本为赤色，表面生了锈就成为绿色。可见普通的金属都会生锈。

"金属生锈乃是事实。那么，这原因是什么呢？我们不必向远处去找。我们看盛氧的瓶子中燃烧，瓶壁附着像铁锈一样的红色粉末，实际上这红色粉末的确是铁的锈。我们又看见锌在铁匙中加热燃烧，就熔融着火而变为白色的物质，实际上这白色物质可以说是锌的另一种锈。同样，铅若在熔炉中通空气熔融，则时间长久了，也会变成松脆的黄色物质，这黄色物质可以说是铅的另一种锈。用一张铜皮来放在火里，它的赤色会变成黑色，同时使火焰发生绿色的光，这样生成的黑色物质可以说是铜的另一种锈。总之，这许多不同的锈都是燃烧过了的金属，它们都是由各种金属和氧相化合成的，换句话说它们大多数都是氧化物。

"这种发光生热而化合成的氧化物，也就是在奇异的烟花中诞生的锈，和缓慢地生在金属表面上的锈是相类的物质。把一片铁埋在潮湿的泥土里表面就渐渐地生着一层红色物质；把另一片铁放在盛氧的瓶子里燃烧起来，就在瓶壁附着一层红色物质。在这两个例子中，其化学作用是同一的。又一片锌在表面生着青灰色的薄层，另一片锌在铁匙中熔融，结果发生美丽的火焰，而燃烧成像白绒一样的物质。在这两个例子中，其作用在本质上也是相同的，两者都和空气中的氧相化合了。普通的锈大都是一种氧化物，一种燃烧过了的金属，在生成的时候，无论觉不觉到热，一定起着燃烧作用。在这里应该再举一两个例子。

"一片木头久久地暴露在空气中就渐渐腐败，初时变成暗黑色，终至腐烂为一种樱色的木屑。木头的腐烂实际上是一种缓慢地燃烧，它和发火的燃烧只在快慢上有一点不同罢了。这腐木也和空气中的氧相化合并且放出多量的热，像柴薪在火炉中的情况一样。垃圾堆的内部往往很暖，潮湿的草堆甚至于热得发火，这都是实受空气中氧的作用的缘故。腐败的木头也是这样，因为它起着迟缓的燃烧，很缓慢地放出热。

"腐木放出来的热，我们为什么感觉不到呢？那是很容易说明的。假使有一段木头一共腐败了十年的时间，但是另一段同样大小的木头只要一小时内就能完全烧成灰烬。在这两种情形里两者都放出热，在前者，因为它的热需要在十年的长时间内放尽，所以我们不能在片刻间觉到它的热；但是在后者，因为它的热都要在一小时内放尽，所以我们随时都能觉到它的热。可见这两者的化学作用虽然相似，但是它们作用的速度却有非常的不同。一根腐烂的木头，一堆内部发热的垃圾，一条烧着的树枝，这些都是燃烧（前两者为迟缓燃烧，后者为快速燃烧）的例子，即空气中的氧和可燃的固体物质相化合，所不同者只在燃烧的快慢罢了。快速燃烧即普通的所谓燃烧，在燃烧时物质能够发光发热。第一种燃烧，作用快而时间短；第二种燃烧，作用慢而时间长。

"在金属叫作生锈，在植物质就叫作腐败，生锈和腐败，都是缓慢的结果。金属暴露在空气中，尤其是在潮湿的空气中，便和氧相化合而变成了一种复物质，这复物质我们叫它作氧化物。这个事实，可用以说明旧洋刀为什么会生着红色的皮；新切开的铅为什么会立刻生出暗淡的翳；内部呈银色光亮的锌为什么会在表面生着灰色的薄层。那种红色的皮便是一种氧化铁，那种暗淡的翳便是一种氧化铅，那种灰色的薄层便是一种氧化锌。总之，凡金属和潮湿的空气相接触，必能（至少在表面）起缓慢氧化而生锈。

"差不多一切金属都会起这样的作用。它们为空气中的氧所侵蚀，就变成了锈。锈的颜色随金属而异，铁锈呈黄色或红色；铜锈呈绿色；锌锈和铅锈呈灰色。各种锈的生成，总有难有易，在普通金属中铁最易生锈；其次是锌和铅；再次是铜和锡；最难生成锈的是银。只有金是不会生锈的一种金属，它能永远保持它的光泽，故为世人所贵重。古代的金制货币和饰物，即便长埋在潮湿的泥土里，至今仍灿烂如新和方才制造出来的一样，若在别的金属早已完全锈尽了。"

第十七章　在铁店里

　　一天，保罗叔领了他的两个侄子到本村中的一爿铁店里去，要借这地方来做一个奇异的化学实验。他要替他们证明，水里含着一种可燃的物质，一种比磷硫等元素更易着火的气体。水能够灭火，但是现在他要从水里拿出一种燃料来，裘尔斯和爱弥儿疑心这是不可能的事，很奇异地期待着这实验。那铁匠，对于他邻居的那种不可思议的企图，觉得非常高兴，把他的熔炉工具以及他自己的劳力完全交给保罗叔去指挥。但是在他的为煤烟所沾污了的脸上，略带一点怀疑的微笑。

　　工作台上放着一只盛水的瓦缸和一只玻璃杯，一根重实的铁条被投入熔炉中加热。铁匠拉动风箱，保罗叔留心着那铁条，当铁条红热后，他就说明这实验将怎样进行。

　　他对裘尔斯说："把这杯子盛满了水，倒立在水缸中，然后把杯底略略提起，使杯口常在水平面以下，我将要把烧红的铁条插入水中，放在杯口下面。你不要怕，我绝不会烧痛你的手指。你必须把杯子倾斜一些，使烧红的铁可以恰巧安在杯口下面，但是你不要一让杯口露出在水面上呢。"

　　裘尔斯明白了以后，保罗叔就急忙把烧红了的铁条的一端，很快地插入倒覆在水缸中的杯子口边，水沸腾了好一时，同时发出许多气泡，上升到玻璃杯的底边。

保罗叔道："所集的气体还不够做实验。你好好地执着那杯子，让我再来捕集一些吧。"

那铁条几次地送回到熔炉里，待一端烧红后，就又没入水中，这样每重复一次，杯中气体的体积就堆加了若干。进行虽然很慢，但并没有停止，铁匠不厌倦地拉着风箱，和孩子们一样热心地要一看这奇异的实验结果。这捕集在杯子里的是什么气体？它是无色透明的，很像是空气，但究竟是不是空气呢？在铁匠的日常工作中，把热铁没入水中而发'嘘嘘'的声音，原是常有的事，但是他对于这事从不曾加以注意。只有像保罗叔那样的读书人，才会想到从碰着热铁而沸腾起来的水中去捕集气体。在流着像墨水一般的汗液的脸上，这时已消失了怀疑的笑容，代之而起的是一种坚决的、高兴的表情。

后来，保罗叔自己一手执住了杯底，把它略微倾侧一些，使杯中的气体慢慢地逸出，一手拿了一个纸吹，点燃那上升到水面上来的气泡。不久，就有一种爆发的声音从气泡中发出，同时迸射出火焰，不过这火焰很暗淡，必须站在背光处才能看见。因为这店间里本来很暗，所以倒很适于做这个实验。噗！第二个气泡又响了，接着又噗！噗！噗！响个不住，各自发出淡淡的光。这很像是一种小小的排枪声。

铁匠惊奇地叫道："不湿的火药！它一到水面就爆发了，请你再来一次，让我看清楚。"

保罗叔又倾侧着杯子，噗！噗！气泡便陆续从水中升起来，直至完全逸尽。

铁匠问道："你说，这气体，这比火药更容易着火的气体，是从水里来的吗？"

"这是从为热铁所分解的水里来的。不从水里来，从什么地方来呢？我制备这气体，只用铁和水，但是铁并不是必要的，这个你们不久就可知道。所以这可燃气体确是从水里来的。"

铁匠点了点头，说道："化学真是一样有趣东西！它会使水燃烧起来。要是有空，我一定要学化学。"

保罗叔接着说："你也每天在实习化学，而且是很有趣的化学。"

"化学……我？我锤铁，我磨刀，这是化学吗？"

"是的，这些工作中也有化学，你每天在实习着化学，只是你自己不知道罢了。"

"这真可怜啊！"

"我希望把这种工作中的化学告诉你。"

"在什么时候呢？"

"就在今天。"

"许我再问你一句话，保罗先生，这种从水里分出来的可燃气体什么名字呢？"

"这气体叫作氢。"

氢，我将永远记着这个字。等有了空，我还要把你所做的实验给我的朋友看哩。啊，你的侄子真有福气，他们可以每天听到的你的谈话。要是我像他们的年纪，我一定要做你的学生，可现在已经太迟，我老朽[1]的头脑，已经读不进书了。现在，你有什么事要我帮忙吗？"

"再生起火来，把熔炉中的煤都烧红了。我还要分解一些水，不过这一次，我用煤来代替铁。我们将要得到同样的可燃气体，这可以证明氢确是从水中来的，和所用的铁或煤毫无关系。你，裘尔斯，把杯子拿好。这实验是和用铁条一样的。"

他们等候了几分钟，让熔炉旺盛起来，然后保罗叔用火钳将赤热的煤拿

1.老朽：衰老陈腐。（编者注）

出来没入水中，放在杯子的口边，于是就有许多气泡上升到杯底，差不多比用铁条时更多。这样的操作反复了数次后，杯中已充满了气体。这种气体碰着了火，同样会发微弱的光而燃烧起来，每次发出一个火焰就听见一种爆炸的声音。总之，亦热的煤和亦热的铁有一样的用途。从此可知，保罗叔所说的可燃气体氢，确是从水里来的，性质各不相同的赤热的铁和煤，只不过用以分解水，使之放出所含的氢罢了。

铁匠看了保罗叔的实验，似乎呆呆地在那里，出神地想起了每天在熔炉炉边的工作情形。保罗叔看透了他的心理，便对他说道：

"我问你，你在锻接的时候，要把铁烧得特别的热，你用什么方法？"

"用什么方法？我此刻正在想，这方法和你说的氢有关。我觉得看过了你的实验，可以解释我每天做的莫名其妙的事。那边壁角里有一只水槽，水槽中放着一个有长柄的布帚。我当用这布帚来洒水在烧红的煤上，以生用任何方法所不能得到的高热。"

"那么，你用水来浇在火上，以发生高热。这方法看来好像只能使火焰熄灭，而实际上却是能使火焰旺盛。"

"可不是吗？对于这事，我时常疑心，可是无论如何总想不出它的理由来。现在看了你关于氢的实验，就……"

"且慢，对于这个问题，我们停一会儿再说吧。我知道我的侄子们在疑心潮湿的煤会烧得更旺这事实，请你做一个实例来给他们看吧。"

"很好，只要为我的力量所及，我什么事都愿意做。我好运气，今天竟做了你的学生。"

于是，铁匠就拉动风箱生起火来，他拿起一根铁条来放在烬燃的炉中，待烧至极热后，又把它抽了出来。

他说："这铁条已经红热了，现在即使拼命地用风箱来扇，也不能使它更热。如果要使它更热，譬如，在锻接的时候，就须用布帚来在烧红的煤上洒几点水, 不过不能洒得太多, 因为太多了就会使火焰熄灭。"

　　然后, 他把铁条放回到熔炉里去, 并在赤热的煤上浇了几点水。孩子们站在铁匠的身旁, 像学徒般专注地望着像这样的普通的操作, 他们一定曾经看见过许多次, 只是在他们看见的时候不曾加以注意罢了, 可是现在, 他们的叔父已经告诉过他们含在水中的可燃气体氢的性质, 于是他们对于这个事实, 就感到非常有趣。要对于某一件事感兴趣, 只有对于这件事加以特别的注意。知识使我们周围的一切事物增加迷人的魅力。

　　水对于赤热的煤立刻起了反应。在起初, 火焰的舌子是很长的, 下部很亮, 头端现红色, 稍微有一点烟, 但突然间这长的火焰, 忽地缩小而似乎窜到燃料中去了。然后在煤的间隙中, 一处处吐出短短的火焰, 发出明亮的白光。这些白色火焰的舌子, 很像在白光中不易看出的氢的火焰。它们的温度显然是很高的, 因为被这种白色火焰所燃烧的煤都发出炫目的强光。这时铁匠又把铁条抽了出来。这次铁条的热已不是赤热, 而是白热了。只听见它发出一种爆裂的声音而射出一阵灿烂的火星。

　　爱弥儿记起了以前的实验就不禁叫道: "铁条燃烧了。"

　　铁匠道: "是的, 小友, 铁条燃烧了。如果这熔炉老是保持现在的热度, 那大这铁条若是久被遗留在熔炉里, 就会渐渐地小起来, 终至完全燃尽。试看铁砧的四周, 散布着许多小片的铁渣。这种铁渣是被锤子从赤热的铁上打下来的。"

　　"我知道这种铁渣就是氧化铁。"

　　"氧化铁不氧化铁, 我不知道, 我只知道它们是已经燃过了的铁。当我在赤热的煤上洒水而使熔炉发生高热的时候, 这种铁渣生得很多。不过现在且让我们听听你们叔父的话吧。啊, 保罗先生, 水为什么能够生出这样的火来呢? 没有水, 熔炉中的铁只能到赤热的程度; 有了水, 它却能发出炫目的白光。这个道理我总弄不明白。"

保罗叔答道："这是很容易明白的。我告诉你，氢是发热最多的燃料。凡柴薪、煤炭以及任何燃料的火焰的热度都不及氢。氢实在是最好的燃料，没有一种物质比它更容易着火，也没有一种物质比它发生更多的热。"铁匠道："现在我明白了。我把水洒在熔炉中的赤热的煤上，水就被分解，正如方才你把赤热的煤没入水中一样。水分解时生成氢，氢碰着火就燃烧了起来，又因氢是最好的燃料，能够产生多量的热，所以它会使赤热的铁变成白热。我浇水，就是我装入比煤更好的燃料，我的话对不对？"

"正是这样，水被赤热的煤所分解，就给原有的火以更好的燃料。我不是说过，你也每天在实习化学吗？"

"是的，不过，我做梦也不会想到。我怎么能够知道把煤打湿了会生成氢呢？要知道这些，一定要读书。但是像我这样无知识的人，一天到晚忙着叮叮咚，叮叮咚，对于书本是没有时间来看的。保罗先生，还有一件事，我要问你。我听见有学问的人说，在失火的时候，如果火势很旺而没有很多的水来浇上去，那么，还是不浇的好。在这种时候，最好的办法是用什么东西，如用泥土来压灭它。我不知道这事和氢有没有关系？"

"当然有关系。假使在燃烧的火上洒了少些的水，这水就被分解而给火以更好的燃料——氢。结果，火非但不灭，反烧得更旺，正像你洒水在熔炉中一样。你如果不仅仅把炽热的煤打湿，而用大桶的水来灌下去，那么，这火就一定会熄灭。所以要灭火，一定要用多量的水，若以杯水救车薪，就将如俗语所说的火上浇油了。"

铁匠道："同你谈话真得益不少。我的熔炉一天到晚都着的，你如果在化学实验上有用得着的时候，尽管请过来吧。"

保罗叔谢过了他的邻居，就动身回家。裘尔斯还向铁砧四周捧了把刚从出亦热的战铁上落下来的铁渣，带回去备空暇时候的研究。

孩子们回到家里，得到叔父的允许，自己去做他们在铁店看见的实验。

那种从水里发生出来的可燃气体，使他们觉得非常惊奇，所以他们很想再看它，尤其是想脱离叔父的指导，自己动手去做出一点氢来。实在，这是一个最简单的操作，而且也用不着什么危险的药品。固然，铁匠是一个很和蔼、很有礼貌的人，但是他们不愿意屡屡地打扰他，使他浪费了许多的时间。其实，家里是做实验的最好的地方，既不妨碍别人，又可以随意地反复做几次。但是这事究竟可能不可能呢？

叔父告诉他们说："这当然是可能的，用一些木炭来在风炉里烧红了代替煤，再预备一盆水和一只杯子，就可进行和在铁店里一样的实验。待木炭烧红了，急用火钳把它拿起来没入水中的杯子口边，就会得到那种有可燃性的气体。这实验是否成功，全视你们所用的木炭是否热得和熔炉中的煤一样，因为所用的煤或木炭愈热，愈能分解多量的水。临了，我要关照你们，当心灼伤你们的手指。"

裘尔斯道："那倒不用你担心，让爱弥儿执杯子，让我钳木炭。我绝不会粗心到灼伤他的手。"

"我还须得先告诉你们，假使你们要用赤热的铁来试，那我就不能担保你们一定成功，因为你们所用的风炉太小，不容易使任何形状的铁条热至赤热。但是你们要试，尽管去试，只是小心灼伤。"

叔父指导完毕，就让他的侄子们自己去试验。于是这两个少年化学家就在风炉上装好了木炭，点着了火，把它们烧至赤热。此后的操作，很顺利地进行，含有氢的气泡从水中上升，证明这实验已经成功了。裘尔斯的眼睛光光的望着，看见氢碰到了火，就发出一种青色的火焰，和在铁店里用赤热的铁来试验时所生的微弱的光不同。对于这一种不同，经了裘尔斯的指导，连爱弥儿也看得出来。

然后他们又用烧热了的铁来做这个实验。他们找着了一条很细的铁条，在风炉上热了又热，费了许多的时间和耐心，才得到少量的氢，只能做三四次的点燃，而点火时所发的火焰又微弱得几乎看不出来。于是他们又重复实验了几次，结果都和第一次一样。但实际上他们的实验已经算满意了，因为他们的叔父早告诉过他们不能希望有大成功的。

第十八章　氢

　　用赤热的铁从水中制氢，是一种迟缓而麻烦的方法，即欲得少量的氢，也须把这同样的操作反复好几次。若用炽燃的炭来代替赤热的铁，则结果虽较快速，而所得氢却并不纯粹，其中还混杂着从炭里诱导出来的他种气体，裘尔斯所觉察到的火焰的蓝光，即由于此。好在，他们做这个实验的目的只在证明水中含有可燃的氢，至于要在短时间内制取多量的氢，却是另一件事情。

　　保罗叔道："现在我们不要用炽炭来从水中制氢了。我们用这个方法捕集来的氢，实在是好几种气体的混合物，要确知氢的性质，非制取纯净的氢不可。至于用赤热的铁来从水中制氢的方法，也不必再试，因为这样制成的氢虽然纯粹，分量却嫌太少。我们现在所探求的是一种用极简易的手续而制成多量的氢的方法，凡不便置备的工具，如熔炉风炉等都可不用。你们已经知道非金属氧化物遇到了水便成为酸（二氧化硅除外），及由方才的实验知道水里含有氢，从此可以推知凡酸必有氢。我告诉你们，铁不但能分解水，还能分解用水稀释的硫酸，而且无须加热。铁和硫酸相作用，硫酸中的氢就会容容易易地解放出来。我还要告诉你们另一种普通金属锌分解硫酸比铁更其容易，不过也要借助水的帮助。所以要制氢，铁与锌都可以用，不过手头有锌总以用锌为宜。要是没有锌，最好用铁屑，因为铁屑是一种小颗粒，有较大的表面积，易与他物质接触面发生作用。

"在这个杯子里，我盛着一些水，和从用旧了的干电池上拆下来的几片锌。在此刻杯子里并没有发生显著的作用，一切都保持着原来的状态，但是我注下了一些硫酸，再把它们搅匀，就见杯中的水猛烈地沸腾，发出无数的气泡，升到水面上来，一一破裂。这种气泡是从硫酸中分解出来的，它们就是氢，和在铁匠店里用赤热的铁和水来制成的可燃气体，完全相同。你们看好！我用一张燃着的纸，持近水面，那些破裂的气泡就着火而发出爆声，它的火焰非常暗淡，只有在黑暗中才能看得出来。气泡陆续地很快地上升，爆声也'噗噗'地响个不绝。"

这种像放机关枪般的声音，和在水面上跳跃着的火焰，已是非常好玩。但是使这两位少年观察者更感兴趣的是，杯中的水并未在火上加热，却会自己沸腾起来，而且杯壁很热，差不多连手指都按不上去。保罗叔早料到他们有这样的疑问，便说道：

"你们看着这杯子！含着氢的气泡最初发现在锌片上，因为这便是起化学作用使硫酸分解的地方。这种气泡从液体中上升，就惹起很大的骚动。正如火上的沸水为气泡所激动一样。实在就全体而论，杯中的液体并没有动，只是被突然上升的气泡所搅乱罢了，你们如果用一根麦秆来向水中吹气，也会有同样的情形。所以这液体在外观上虽然很像沸腾，实际上却是我们眼睛的一种错觉。"

爱弥儿不信地问道："不过杯壁很热，我连手都按不上去。"

"虽然热，但这热还远在沸点以下。你如要我证明，我只要用钳子把锌片取出，液体中就不会有气泡上升，而立刻安静下来了。"

"可是那液体总是很热的。请问：杯子底下没有点过火，这热从什么地方来的呢？”

"我知道了，原来爱弥儿对于有热无火还有一些怀疑。现在我且问你，从前我们试验硫黄和铁屑的混合物时，其瓶壁也非常的热，当时我们有没有用火？泥水匠注冷水于石灰，其温度也升得很高，他有没有用火？在以上两个例子中，都是有热无火，它的原因很简单，就是凡起化合作用时必生热。这个杯子的生热乃是另一个实例。硫酸是被分解了，硫酸中的氢是被解放出来了，但同时酸中的其他元素却与金属起着相反的作用——化合，产生热的便是这个作用。"

"你们已经知道，锌与硫酸相作用可以得氢，但对于怎样捕集这氢，却还没有人知道。我们制氢所需的物质，一共是三种，硫酸所以供给氢，水所以稀释硫酸，锌所以分解硫酸而解放氢。在此实验中所用的锌与水可以一同放入水中，不过硫酸必须视需要的多寡而逐渐加入。若倾注太多，则作用剧烈，气泡怒发，恐怕杯中的酸液要飞溅开来，足以毁损衣服，腐蚀皮肤。又当注加硫酸的时候，切不可将发生氢的器皿揭开，以防空气窜入，因为氢和空气相混杂，就会合成一种很危险的混合物。

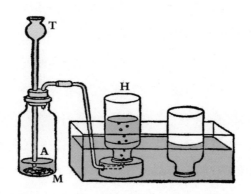

"通常在这个实验里所用的器皿，是一个玻璃瓶。瓶里放着一小片的锌，若有锌箔更好，可卷成柱状，由瓶颈纳入。更于瓶中注入足量的水，将锌完全淹没。然后用插有长柄漏斗和曲玻璃管的软木塞，紧塞瓶口。这样，制氢的装置便已完成，只待将硫酸从漏斗中徐徐加入，就能发生氢。在氢发生的时候，可不必再加注意，只在发生得太慢的时候，去加一些硫酸就得了。这个装置是很简单的，同时，也是很巧妙的。长颈漏斗的下端须没入水中，以免瓶外的空气从这里流进来和发生的氢相混合，这个缘由待以后再讲，但它并不妨碍硫酸的注入。瓶中发生的氢因为被水所挡住，不能从长颈漏斗里出去，所以它唯一的出路便是那曲玻璃管。总之，这个工厂在工作时只有两扇门：一扇门是长颈漏斗，只能进不能出；一扇门是曲玻璃管，只能出不能进。

"还有一层，假使那曲玻璃管被什么东西塞住或因管子太细，使瓶中发生的氢不能充分通过，那将发生怎样的情形呢？气体积聚在瓶子里，不能逸出，就压迫下方的水，使其从漏斗中上升，就警告我们这装置已有了障碍，致气体拥堵，不能逸出。不过，我们加入硫酸的分量，只要不太多，这种警告是不会来的。"

说着，他拿出一个广口瓶和一个很大的软木塞来。他先将软木塞用锉刀锉小使适合于广口瓶的瓶颈，然后在软木塞上钻了两个小孔，一个孔里插进了前次制氧时所用的曲玻璃管，插入的一端透出木塞约寸许，另一个孔里插进一根比瓶身略高的直玻璃管，插入的一端差不多完全透出木塞。于是在瓶子里放进一片锌，注了足量的水，即将装置好的木塞安上，并用烂泥固封木塞上的各接缝处，以防气体逸出。待这一切都布置定当后，又将曲玻璃管的另一端通入在事前预备着的一个水盆中。爱弥儿在旁边看着叔父的操作，心里非常快活，因为他立刻就可得到多量的氢，以供种种的实验了。但是他看见叔父用曲玻璃管来代替长颈漏斗，却觉得有一点怀疑。

他热心地对叔父说："这是曲玻璃管，并不是长颈漏斗啊！"

叔父答道："是的，我们没有长颈漏斗，就只能用曲玻璃管来代替了。"

"这玻璃管很细，没有漏斗，怎么能注下硫酸去呢？"

"这确是一个问题，让我来问问裘尔斯，看他有没有打破这个难关的方法。"

裘尔斯就说："有是有的，不过说出来怕你们觉得可笑。我想用一张厚一些的纸，卷成圆锥形，在锥顶留一小孔，用来代替漏斗，不知行不行？"

"你的方法很不错。我们这个实验没有漏斗是决计[1]做不好的，你所说的纸漏斗，很可以代替玻璃漏斗的用处。不过我告诉你，硫酸是一种破坏力极强的物质，纸遇着硫酸，片刻间就会腐烂。好在一张厚纸值不了几文钱，在必要时我们可以随时将纸漏斗换过。"

说了就照着这样做。那纸漏斗很妥当地插在直玻璃管的上端，使注入硫酸时没有一点困难。现在，实验开始了，当硫酸注入时，瓶中的水立刻就好像在沸腾起来，氢从曲玻璃管的另一端放出，在水盆中不绝地发生气泡。孩子们急忙用燃着的纸片，接近有气泡上升的水面。气泡一碰到火，就'噗'的一声，发出一缕灰白色的闪光。这气体确实是氢，就是在一个完备的实验室中举行这实验，也不能得到比这更好的成绩。

保罗叔道·"你们对于这种小水泡的声音已经听见过好几回了。我们现在要燃点大量的氢。我在水中溶解一些肥皂，把曲玻璃管放气的一端没入

1.决计：表示肯定的判断；必定。（编者注）

这肥皂水中。你们当然知道，在肥皂水中用麦秆吹气，就会发生许多的气泡。现在我们把曲玻璃管的一端没入肥皂水中，自然也会发生许多的气泡，不过这种气泡中的气体却是纯粹的氢。这样，我们就得到多量的可燃气体，分别藏在许多的肥皂泡里了。我用一张燃着的纸片，接近肥皂泡，于是泡中的气体就立刻着了火，像鞭炮似的爆发起来。这爆声比以前响，这火焰也比以前大，不过所发的光却还是呈灰白色，和以前一样。"

经孩子们的请求，这实验又重做了一次，这次所做成的肥皂泡比前次更多，所以点燃时的爆声也比前次更响。

末了，保罗叔说道："我们从这个玩意儿，可以知道氢是极容易着火的，我们将燃着的纸片一接近肥皂泡，泡内的气体就立刻爆发起来。现在我们要做另一个实验，阐明氢自身虽是一种可燃气体，却能够灭火。氢的易燃性是其他物质所不及的，但是燃着的任何物质一没入氢中，却立刻会被熄灭。将烛火伸入盛氢的瓶中，其熄灭之快和在盛氮的瓶中一样。我们现在要证明这个事实。我把曲玻璃管的一端没入水盆中，使放出来的气体捕集在玻璃筒或广口瓶里，和制氧时一样。"

保罗叔在气体充满了玻璃筒之后，便继续说道：

"这个玻璃筒已充满了氢，现在我把它从水中取出。"

说着，他执住筒底，依旧让它颠倒着从水盆中慢慢地提了起来。这个操作，在孩子们看来，似乎是十分不解的。

他们惊奇地说："你这样拿，不怕气体落下来吗？筒口向着下方，而且没有塞子。"

"不，孩子，氢是不会落下来的。它远比空气轻，只能上升，不能落下。所以要防止它的逸去，我们只有拦住它上升的路，不必拦住它下降的路，我的倒持玻璃筒，就是这个道理。现在我用一个燃着的烛火插入筒内。你们看罢！筒口的氢立刻就发轻微的爆声而燃烧起来，火焰渐渐向筒内上升。至于那烛焰, 则一到筒内, 立即热灭, 完全和在盛氮的筒里一样。"

这现象在孩子们看来, 似乎很难理解, 他们不懂得一种可燃气体为什么会灭火。但是经叔父的一番解释, 他们觉得这理由也是十分简单的。

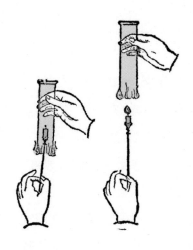

他说: "让我把以前屡次说过的关于燃烧的原理再来说一遍, 一切燃烧无非由于, 存在于空气中的氧和某种物质所起的化学作用罢了。在没有空气的地方, 无论什么东西都不能燃烧。烛火插入盛氢的玻璃筒中之所以立即熄灭, 就因为那里没有助燃的气体。氢自己虽能燃烧, 但它并不能助燃, 所以无补于烛的燃烧。并且氢的燃烧, 也要靠空气的帮助, 它最初着火燃烧的只限于筒口的一部分, 因为在那里, 并且只在那里, 有空气存在着。其后筒口的氢渐渐燃尽, 附近的空气拥过来填住这的容缺, 所以火焰就向筒底上升。

"氢比空气约轻14倍。这是用极精确的, 是能够指出一根毛发的重量的化学天平测定的。氢虽是一种极轻的气体, 但它总有一些重量, 1升重约0.1克。它是自然界中最轻的一种物质。1升水的重量为1千克, 约相当于同容积的氢的10,000倍。自然界中最重的物质是一种金属叫作锇, 比水约重22.5倍, 比氢约重225,000倍。其余一切物质, 有轻有重, 都排列在这两极限量之中。为了实验室的设备关系，我们虽然不能把以上所说的事实一一证实，但我们可用简单的实验证明，氢的确轻于空气。

"你们方才已经见过拿盛氢的玻璃筒的方法，就是要防止氢的逸出，须将筒口向下。因为氢是极轻的气体，能够向上方逸去，所以要禁锢它，必须拦住它向上的去路。现在让我们来做一个反面的证明，即把筒口向上，则筒内的氢就完全逸去。"

玻璃筒中再充满了氢，拿起来直立在桌子上，大家静静地等待着，并不见有什么东西出来，也不见有什么东西进去。就是视力最敏锐的眼睛也瞧不出有两种气体在互相交替。

后来保罗叔说道："你们已经等了好久，现在这筒里的氢已完全逸出，留下的空缺早为空气所占据了。"

爱弥儿问："你怎么知道？为什么我一些变动也看不出来。"

"看自然我也看不出来，就是用我们三对眼睛一同去看，也不能发现这个秘密。但是一个烛火却能告诉我们眼睛所看不见的事。假使烛火能够在这玻璃筒里继续燃烧，就可使我们知道筒里的气体已变为空气，假使筒口的气体着了火，而烛火反被熄灭，那就表示筒中还有氢存在着。"

一个燃着的洋烛头探入筒中。他们看见那洋烛头布筒中仍能继续地燃烧，和在筒外一样。这证明筒中的氢已经逸去，一种较重的气体已经占据了它的地位。

保罗叔又说："假使我们用一碗油来没入一桶水中，其结果将怎样呢？就水的方面说，它比油重，势必压开碗中的油，而自己去占据这个地位；而就油的方面说，它比水轻，势必上浮于水面。在玻璃筒直立时，氢和空气的行动，也和上面所说的油和水一样。但是我还有一个更好的实验，可以证明氢比空气轻。用了几根麦秆和一小杯肥皂水，我们就能够指示出氢的重量之小。在麦秆的一端蘸了一些肥皂水，然后在另一端轻轻地吹气。这玩意儿不是爱弥儿常常做的吗？"

　　爱弥儿抢着说："你是在说吹肥皂泡吧？喔，那个玩意儿真有趣，叔父！在麦秆的一端发出一个小气泡，渐渐地大起来，要是吹的得法，可大到像苹果一样。在泡的膜上有种种的颜色——红的、绿的、蓝的……完全和天空中的虹一样，比园中最美丽的花还美。可惜它不久就会破裂，把一切红的、黄的颜色都在刹那间化为乌有，而不能冉冉地升到天上去！这是美中的不足。"

　　叔父道："那么，这次我可以给你看到十全十美的肥皂泡了，它能够慢慢地上升，完全如你的希望，使你觉得毫无遗憾。"

　　"那是再好没有了。"

　　"你照平常的法子先来吹一个肥皂泡给我们看看吧。"

　　爱弥儿拿了一根麦秆，蘸了预备着的肥皂水，轻轻地吹出许多的气泡，其中最大的一个，形状略如拳头。这许多气泡，当容积渐大，水膜渐薄时，都反射出虹一般的光彩，但是一和麦秆脱离，就都慢慢地飘落在地板上，没有一个能够飘扬起来。

　　保罗叔道："这样制成的肥皂泡是绝不会飘扬起来的。因为这些气泡中所含有的气体仍是空气，和气泡四周的空气并没有什么大分别，因此它们既不会上升，也不会下降。但是它们用肥皂水来做成的薄膜，却比空气重，为了这重量就使它们非但不能上升，反而不得不下降了。所以如果我们要使肥皂泡上升，我们必须在泡内充以比空气较轻的气体，并且它的轻，不但要能够打消肥皂膜的重，并且要能够负排开空气而上升的力量，这气体便是氢。"

　　爱弥儿问："不过怎样将氢装到肥皂泡里去呢？我们不能够用嘴来将氢吹进去啊。"

　　"我们可以让发生氢的瓶来吹。先将瓶上的曲玻璃管换一根直玻璃管，再用湿纸条包住麦秆的一端，将它插在直玻璃管里，使这瓶子有一个很小的出口。这时候我们只要时时蘸些肥皂水来滴在麦秆的顶端，就可以看见那上面吹出许多的气泡,其中充满着氢。"

说后,就照着这样做了。果然,在麦秆顶端连续地发生许多气泡,有的大,有的小,都有向上飞扬的趋势。有几个够大的气泡,终于脱离了麦秆,很快地上升,有的在中途就破裂了,有的一直飞到案顶的天花板边,才被撞破。孩子们久久地呆视着出神,他们望着每一个"轻气球",看它从麦秆的顶端出来,渐渐长大,呈现各种色彩,然后脱离了麦秆,向室顶上升,等到一碰着天花板,便又立刻破裂。接着第二个,第三个轻气泡又升了起来,扮演着同样的把戏。裘尔斯在深思,爱弥儿在奏凯旋歌。

保罗叔道:"我要告诉你们一个更有趣的化学游戏。试在竹竿上缚着一个洋烛头,把洋烛点着,然后拿去凑在飞扬着的气泡底下。"

爱弥儿急忙照着叔父的指示,把洋烛头缚在竹竿顶上,点着了拿去追逐一个正在飘扬的气泡。'噗'的一声,那气泡在空中化成火焰,倏忽地不见了,爱弥儿料不到有这样的事,不觉吃了一惊。

叔父问道:"你吃惊了吧? 你不知道氢是易燃的气体吗? 充满氢的气泡碰到了烛火,是免不了要发出火焰来的。"

"是的，这理由很简单，可是我事前并没有想到。"

"现在你既然明白了这爆发是必然的结果，那么，我们就再来试几次吧。"

这实验重做了好几次，爱弥儿等气泡上升到未抵天花板时，就将烛火凑过去，使它爆发。由于他动作的敏捷，没有一个气泡能够逃过他的追逐。从这个实验可以知道氢的着火之易。从不发生无谓问题的裘尔斯，最后才突破了他的沉默。

他说："我们的肥皂泡撞在天花板上，就立即粉碎。要是没有这天花板阻隔着，它们能飘得很高吗？它们将飘到哪里去呢？"

"在空旷的地方，如果它们不在中途破碎，可以飘得很高。不过肥皂泡的膜是很脆薄的，只要略受刺激，就要破裂。然而在晴朗的天气，它们也能升到人所看不见的地方。今天的天气很好，我们立刻可以到室外去试验一下。"

他们把发生气泡的装置带到了室外，气泡照样地被吹了出来。其中有许多上升到屋顶那么高的地方就破裂了，但另外有少数的气泡，却竟然升到为目力所及不到的地方。不久，连视力锐敏的爱弥儿都分辨不出何者是气泡，何者是青天。

爱弥儿问："它们能升得极高吗？"

"我想是不会的。大概是一百尺左右吧，不过因为它们的形体微小，和质地的透明到了这个高度已经为肉眼所看不见了。而且它们的极脆薄的膜也不久就会破裂。正望着的那个气泡，怕转瞬就要破裂呢！"

"要是那膜不会破裂，这种气泡能升到多高呢？"

"关于这一点，我倒可以说一个比较确定的数目。飞行家要侦查最上层的大气状况，就用丝织品做成了极大的气球，外涂胶质，内充氢或别种气体，用以上升空中。最大胆的飞行家，曾经乘气球到过16,700余尺的高空中。"

裘尔斯问："为什么他们不再飞高去呢? 要是我做了他们, 我一定要飞到天顶上去, 看看那里有些什么东西。"

"要是你做了他们, 恐怕还飞不到这样高呢! 因为敢飞到这样高的地方, 需要超人的胆力。当你到了这种空气稀薄的地方, 呼吸万分困难, 非急急地降下不可, 否则不到几分钟就会闷死。"

"假使乘坐的人没有危险, 那么, 这种轻气球能否飞得更高呢?"

"那当然能飞得更高。"

"多少高呢?"

"那却很难说, 也许可以有两倍高。但可确定的是, 凡气球, 无论构造怎样精巧、轻便, 它的高度都有极限。大气层的厚薄约为45哩, 凡物体因轻于空气而上升的, 都不能超过这个极限, 因为在这个高度以上, 已没有空气将它浮起来了。"

爱弥儿道："其实几千尺高, 几万尺高, 在我都不成问题, 我只要有一个不会破裂的气球来玩玩就好了。"

"那也没有什么困难, 你明天就可以看见一个不会破裂的气球。"

"我能够使它升到空中去吗?"

"当然能够飞得更高。"

爱弥儿听了叔父的话, 欣喜地拍着手。裘尔斯脸上露出满意的笑容, 他以为虽不能亲自去侦察这美丽的苍穹, 但至少可以送一个轻气球到那里去。

他说："叔父, 我还有一个问题。当肥皂泡充满大气或氢的时候, 在泡的膜上都有种种鲜艳的颜色, 讲问这种颜色是从哪里来的呢?"

"这种颜色同你在虹里所看见的一样, 和大气、氢或肥皂水的性质都没有关系。它们只是光对于薄膜所起的一种作用。凡是成为薄膜的透明物质, 无论它的性质怎样受到了光的照射, 都会发出这种华丽的光彩。例如, 滴一点油在静水中，这一点油就会平铺在水面，展成薄层，在这薄屑上就可见到你所说的颜色。一个肥皂泡，或一层薄的油，或任何薄的透明物质，都称为虹色物质，因为它能显现出虹的色彩。"

第十九章　一滴水

保罗叔道："昨天我答应给你们看不会破裂的轻气球。此刻就可实践我的诺言。爱弥儿，你还记得好几个月以前，你从城里买来的两个用橡胶做的红色轻气泡吗？它们像充满氢的肥皂泡一样，也能够高高地上升。"

爱弥儿连忙答道："记得，记得。这是我最喜欢的一种玩具，因为它能够高飞。可惜这两个气泡自从买来以后，不到几天就飞不起来了，它们现在依旧在我的玩具箱里，我已有好多时不玩了。"

"你可曾想起过，这种轻气泡为什么隔几天就飞不起来呢？"

"想是想到过的，只是我想不出什么缘故。"

"让我来把这缘由告诉你吧，充满在这种气泡里的气体便是氢。因为气泡的膜是用很薄的橡胶来做成的，富于弹性，所以受了里边氢的压力，能够自由地膨大。这薄膜虽然不像棉毛织物有小网眼，但是里边的氢，因其性质的过于微细，仍能透过膜壁逸去。于是气泡就渐渐缩小，或仍作球形，而由外边的空气从对方透进来代替了氢的位置。因此，无论由于氢的逸出，或由于氢与空气的换位，总会减少气泡上浮的力量，所以经了一两日后，气泡就不能上升了。要使它再能上升，就非再充以氢不可。"

"要是我早知道这个道理,我一定要烦你替我的气泡装一点氢进去哩!"

"这是很容易的,如果你的气泡没有破裂,我们立刻可以把它们做成个新的轻气泡,能够和以前一样地上升,你去把它们拿来吧。"

爱弥儿跑出门去,不久就带同了两个皱瘪的红色气泡来。保罗叔接着解去了泡上所缚的线,向泡里吹了一口气,查明这两个气泡并没有裂缝或小孔。

他说:"这两个气泡完全无损,我们现在就工作起来吧! 我拿一个容积约一升的玻璃瓶,瓶塞盛了些水和一大把的锌片,再一个和瓶口密合的软木塞上插了一根直玻璃管,要是没有直玻璃管,用鹅毛管也行。在管的顶端,我套上气泡的颈口,用细线扎住,以防泄气。然后我在瓶子塞注了一些硫酸,等到瓶中的混合物起了作用,发生多量的气体时,我就用手指压出气泡中的空气,同时将木塞插入瓶口。这样的手续终了后,就让它慢慢地进行。皱瘪的气泡受了瓶中发生出来的氢的压力,渐渐地膨胀起来。现在你们看它已经成为球形了,要是发生的氢再无限制地进去,不久就会破裂。最后,我将气泡的口颈在离玻璃管的上方四、五粍(zhé)[1]处用丝线缚住,以防止泡内氢外泄。于是我把气泡从玻璃管上取下,使发生的氢可以自由地从玻璃管放出,以免过多地积聚在瓶子里,有将木塞突然压出致瓶内液体向外飞溅的危险。"

裘尔斯看见保罗叔手里的气泡,有飘然上升的样子,就提议说:"现在让我们把它放了,看它到底能不能向上飞扬起来。"

爱弥儿道:"我们不要把它放走了,让我再来结一条很长的绳子上去。"

叔父道:"且慢,我们先把这事再考虑一下吧,我们这轻气泡里贮着多少的氢? 我想至多不过一升吧。1升的氢的重量,约为0.1克,同样容积的空气

1.粍:公制长度单位,毫米的旧译。(编者注)

的重量为氢的14倍，即1.4克。所以这气泡里的氢比同容积的空气轻1.3克。我们更假定橡胶泡本身的重量为1克，则轻气泡上浮的力为0.3克，所以你所缚的绳子的重量就不能超过0.3克。0.3克是一个极微小的重量，你不能希望这绳子有怎样长。"

"不错，轻气泡上升的力量很微弱，拖不起一条长绳子。那么，我们缚一条细线上去吧。"

在轻气泡的口颈上缚了一条长线，轻气泡就上升了，不过出于孩子们的意外，它不能升得很高。

他们说："什么？它停止在半空中了！"

"因为轻气泡升得愈高，所拖的线就愈多，这些线的重量都加到轻气泡本身的重量上去了。等到泡外的膜，泡内的氢和拖着的线三者的重量之和等于与气泡同容积的空气的重量时，气泡就失其浮力，于是上升为不可能。现在爱弥儿既然要保存这个轻气泡，我们不妨吹大另一个气泡来，让它自由地飞上去。"

果然，放不拖线的轻气泡，它上升得很快，片刻间就飞出了视力所及的地方。不过无论它飞得怎样高，迟早总得降下来，因为氢和空气常常透过了气泡的膜壁，再互相换位，使气泡的重量慢慢地增加，终至较重于空气而渐渐地下降。不过它在空中被风所飘荡，不能一直降下来落在原地方罢了。

裴尔斯问："假使我们没有爱弥儿所玩的橡胶泡，可不可用猪的膀胱来代替？我觉得猪的膀胱是一个天生的轻气泡，又合适，又容易找得到。"

"若是找不到更适当的东西，那么，猪的膀胱也不妨一用。固然，它的形状比橡胶泡大，它的膜壁比橡胶泡坚牢，但是它的表面常常黏着许多脂肪质，徒然加增了轻气泡的重量。你们总还记得，气泡以膜壁越薄越好，使氢的上浮力不致十分减小。1升的氢所能支持的重量不能超过1克，今假定猪的膀胱能容4升的氢，那么，膀胱内的氢，至多只能支持4克的重量，超过了4克，气泡就会下降。因此，如果我们要放高这样的一种轻气泡，就得预先剥去膜上的脂肪质，以减少它的重量，所须留心的，就是不能把膜壁碎剥罢了。

"氢轻于空气，从上面的实验已可完全明白了。现在我们要再做几个实验，以开明氢和空气的混合物的性质。在这个容积不到1/4升的长颈小瓶里，我注入1/3容积的水，然后把它倒覆在水盆中。这时瓶中的空气与水的比例为2:1。在发生氢的瓶中，再加入少许的硫酸，并换上曲玻璃管，使发生的氢由水底通入长颈小瓶，而占据了瓶中水的位置。待长颈小瓶中充满气体后，其中空气和氢的容积的比例也是2:1。然后我塞上长颈小瓶的塞子，又用一块毛巾来将瓶子重重包卷，只露出了瓶颈。"

保罗叔说着就一手捏住用毛巾包卷着的长颈瓶，揭开了塞子，将瓶口接近桌上燃着的洋烛。跟着来的是很响的一种爆发声。孩子们听了，都凛然一怔。

但爱弥儿立即欢声道："好一支气枪！叔父再来一次。"

于是，保罗叔又反复着同样的操作——即在瓶子里充以氢和空气的混合物——接连开了好几枪。声音的高低随着氢和氧混合的比例而不同，有的高响短促，和枪声一样；有的只是一种嘈杂的啸声；又有的像小狗的惊叫，爱弥儿觉得这声音最有趣。

保罗叔道："从这种气枪的声音，你们可明白。氢和空气可以混合成一种爆发物，一遇火焰，便能猛烈地爆发。这种混合物虽然是不可见的，却有很大的力量，若是出口太小，能够把它的容器爆得粉碎。我用毛巾将瓶子重重地包着，就在防止它破裂时有碎片飞散开来，又为了同样的理由，我在这个实验中特地拣一个只有1/4升的小瓶子。因为瓶子大了，爆发力也大，也许会危及执瓶子的人。"

"你们知道，空气是由一种活泼的气体氧和一种不活泼的气体氮混合而成的。氢的爆发显然和氮没有丝毫的关系，或者，因了它的惰性和巨大的分量,反会阻碍化学作用,而缓和这爆发。所以参加这作用的仅只是空气的一部分氧。我们如果除去了氧,单用纯粹的氧来和氢相混合,其爆声一定更响。关于这一个实验所需要的东西,我早已齐备。今天早上,我曾预先制备了一大瓶的氧,倒覆在那边的水碗里。即开始实验以前,我还得告诉你们一个要点,即要得到最响的爆声,氢和氧混合的比例须为2:1。

"我在一个广口瓶里充满了水,用来作爆发物的容器,然后把它倒立在水盆中,移入一份的氧,用方才的长颈小瓶来做衡量的单位。其次,又移入两份即两小瓶的氢。这样我们的爆发物就合成了。试望入瓶内,虽然一无所见,实际上却容纳着一种危险的爆发物,要是不留心触着了火,这玻璃瓶就会猛然爆裂,而给我们以重大的创伤。如果你们自己去做这个实验时,须切记手头虽然预备着水,但对于这疏忽的严重的结果,并不能因之而保险无碍。这种爆发物和燥湿无关,即使将它埋入水底,也丝毫不会减少它爆发的力量。

"我用一只漏斗把大瓶中的混合气体,在水中移入方才的长颈小瓶里,然后拿出来盖上木塞,用毛巾更小心地一层层包着,以防瓶子的破裂。现在我只要揭开瓶塞,把瓶口接近烛焰就行了。留心! 一、二、三! "

孩子们也同声高叫道:"三! "

"砰! "枪声? 不,简直是炮声响了。猛烈的声浪,震据全室。爱弥儿跟着跃了起来,实在,他差不多有一点吃惊的样子。

他叫道:"真奇怪,一种看不见的东西,却能发这样的大声! 要是我早知道有这样的响,我一定先要把耳朵掩住呢! "

"啊,这实验是听的,不是看的。你用手掩住了耳朵,还能听得出正确的声音吗? 孩子,你不要怕,否则我就不再做这实验了。"

保罗叔又把洋烛点着,因为在每次发枪时,总把烛火吹灭,重复做着这实验。爆发时的力震得玻璃窗'格格'地发响。不过这一次,爱弥儿却毫不惊恐,勇敢地注意着这实验的进程,他看见光景有一尺长的火焰从瓶口猛烈地喷出。又经过了几回的试验以后，他竟要求叔父答应他执住瓶子，自己来做这个实验。

叔父答道："我很愿意答应你。现在可不用怕危险了。这个瓶子在几次的实验中，都毫无裂痕。可见它的确耐得住这种爆发的力。不过为防万一的危险起见，可依旧用毛巾来包在外面。"

由叔父将小瓶充满了混合物以后，爱弥儿就执住瓶子，摆好了姿势，像炮手一样地放射了他的玻璃小炮。接着裴尔斯也来做这个实验，直至把所有的爆发气体完全用尽。

保罗叔道："我们的炮弹已经用完，玻璃炮是开不成了。现在我们要考查氢在氧中燃烧究竟变成了些什么东西。当氢和氧的混合气体爆发时，氢和氧就化合了，伴着发生的是一种不甚明亮的火焰，这样化合而成的新物质是一种无色气体，须把它捕集来凝缩了才好检视。要制造这种新物质，若照上边的实验就有两种困难，第一，混合气体的分量多了，爆发力太大，非常危险；第二，所生的新气体都散失在空中，不能捕集。所以我们要制造这种新物质，必须让氢和氧慢慢地化合，就是我们须点着一个发生氢的管子使它在空气中逐渐地燃烧。

"现在我们就把这个装置预备起来吧。这装置和吹肥皂泡的一样，只要把那根直玻璃管换上一根管口小如针眼的尖嘴玻璃管就行了。尖嘴玻璃管的制法是这样的，用一根易熔的玻璃管，将其中央部分在酒精灯上均匀地加热，等到熔软后，就把它慢慢地拉长，使这熔软的部分收缩成细腰状，然后用锉刀齐腰切断，即成同样形状的两极尖嘴玻璃管，都可以用来做这个实验。"

叔父把所有的工具都预备好之后，又继续说道："我把水、锌和硫酸都放入瓶子，氢就从尖嘴玻璃管里继续地流出，我要在这个尖嘴管口点一个火，不过在事前须加以谨慎的考虑。我们已经知道，氢和空气的混合物是一种会爆发的气体。现在从尖嘴玻璃管里放出来的氢，还混杂着瓶子里本来含有的空气，所以这时候若是在管口点上一个火，这危险的混合物就会在瓶中爆发，将瓶子炸破；即使不然，至少也会将木塞弹出，把酸液溅在我们的衣服上，腐蚀成红色的斑点，更不幸而溅到我们的眼睛里，且有失明的危险。我警告你们，在你们自己去制氢的时候，须要十分留心这容易爆发的混合物。在你们点燃氢的时候，须要不断地留意到这气体中有否混入空气。

"在此刻的实验中，因为开头放出来的氢不免混有空气，所以必须暂时让它逸去。等到瓶中的空气逸尽，或差不多逸尽的时候，才可进行实验。为查验这气体中有无空气起见，我们蘸了一点肥皂水来滴在尖嘴管口，这时管口所发的肥皂泡已能脱离管口而很快地上升，可见瓶中已无空气存在，即有也是很少的了。但是为安全起见我们仍旧用毛巾把瓶子包住，以防万一。现在我用一张点着的纸，接近管口，氢就立刻着火燃烧起来，发出淡蓝色的很暗淡的火焰。一切的危险都已过去了。因为我最初点燃气体的时候，不会爆发，则此后绝不会再起爆发了。所有的空气已完全被逐出瓶外，从管口逸出来的只是一种纯粹的氢。现在我们已不再需要这毛巾，为了看清楚瓶中的作用起见，我索性将它了解一下吧。

"再说，这管口的淡黄色火焰，就是燃烧着的氢的形状，虽然它的光很暗淡，可是它的温度却非常的高。你们不妨去试验一下。"

孩子们用手指放到火焰的附近，但不久就缩了回来。

爱弥儿痛得叫道："好厉害！想不到这样的暗淡的火焰，却有这么高的温度。"

"氢是一种最好的燃料。你们还记得铁匠指示给我们看的事实吗？"

"你是说洒水在熔炉中的煤块上，使赤热的铁变成白热吗？"

"是的，水被燃烧着的煤所分解，就生成氢，这氢再着火燃烧，便发生高热。"

"那么，在这个很小的火焰里我们能够烧红一条铁丝了？"

"不但能烧红，并且能烧至白热哩。你们看！我把这铁丝的一端放在火焰里，不久，就发出耀眼的强光。铁匠用湿煤来将铁条烧至白热，就是这个道理。

"氢还有一种特性，这特性虽不重要，却很有趣。它的火焰会唱歌。待我把适当的乐器预备好以后，你们立刻就可听到。这种乐器是像手杖那么长和那么细的一根玻璃管，但可以短些，也可以粗些，不过所发的音调有些不同罢了。管子短而粗的发音较低，管子长而细的发音较高。若没有相当的玻璃管，可用保险灯的罩子来代替，或用厚纸来做成纸管都行。这种管子最好须要有长、有短、有粗、有细。我在这里已预备了许多这样的管子，其中只有一根是玻璃管。"

保罗叔说了就开始实验，他把玻璃管直立地套在火焰上，就听见那里连续地发出一种乐音，和风琴管所发的乐音一样。将管子上下移动，使火焰在管口进出，则所发的音就或高、或低、或震颤、或和谐、或如严肃地默祷、或如高声地歌颂。接着，叔父又将各种的管子，长的、短的、粗的、细的、纸做的、金属做的，一一试验，把全音阶中的各种音都试了出来。

　　孩子们听了这种刺耳的声音不禁叫道："这是一种奇怪的乐曲! 要是我们的巴儿狗在这里,它一定要加入这音乐会呢! 让我们去找它来吧。"

　　巴儿狗被找到了,它以为是有了什么吃的东西,立刻就跟了来。等到它一听见这奇怪的音乐,便惊异地高声猛吠,这使爱弥儿和裘尔斯忍不住笑了起来,连他们的叔父也不能继续保持他严肃的态度。

　　他命令道："快些将它赶出去,否则我们的功课就讲不下去了。"

　　巴儿狗出去了,室内的噪声又归沉寂,于是保罗叔继续说道:

　　"你们当然知道,我这个实验的目的不仅在给你们以笑乐,它的背面还有一个很严正[1]的动机。关于这个动机,随后我就可以对你们说明。此刻,我要回答一个已在你们嘴里的问题,就是氢的火焰为什么会唱歌? 当气体的气从瓶中流出管外的时候,即与四周的空气相遇,所以不绝地有轻微的爆发,而使套在火焰上的玻璃管中的空气柱起连续的振动。我们听见的声音,便由于这空气的振动。

　　"但是现在我们且把这个问题撇开,先来检查燃烧后的氢究竟变成了什么东西? 我再拿起那跟玻璃管来,用吸水纸卷在一根棒上将管内擦干。然后把这玻璃管再套在氢的火焰上。不过现在你们不要听那声音,只注意管内所起的变化。不久,在玻璃管内壁的表面上生出一层薄雾,渐渐浓密,终至有几滴无色的液体,沿内壁流下。这液体便是燃烧后的氢,也就是氢和空气中的氧化合而成的化合物。从它的外表看来,谁都会认为它是水,不过在确定这判断以前,我们还得尝尝它的滋味。

　　"但是,我现在所用的管子是太细了,照这样流出来的液体,还不够润湿一个指尖,所以我们必须设法改良,用一个广口瓶来代替这玻璃管。我将瓶子的内壁擦干,然后把它去套在火焰上。薄雾又发生了,后来越集越多,终至凝成小滴,沿瓶壁流下。要是我们多等一会儿,定会有许多的小滴流到瓶

1.严正: 严肃正直; 严格公正。(编者注)

口，我们就可以用手指去蘸水了。"

火焰在倒着的瓶子中燃烧了一回之后，叔父将瓶子略略摇动，果然有许多凝缩了的液体，流到瓶口，齐集在一处。孩子们经叔父的指示，立刻用手指去蘸来尝它的滋味。

裘尔斯道："它没有滋味，也没有嗅味，更没有颜色，我疑心它是水。"

"你简直不用说'疑心'，因为它的确是水。我叫你们听氢的火焰唱歌就是要使你们明白这奇异的事。水是燃烧后的氢，它是由氢和氧化合而成的。普通把水认为是火的敌人，而实际上水却是用能够生最热的火焰的最好燃料，和能够使金属燃烧的唯一助燃气体，互相化合而成的。化合而成的氢和氧的分量并不相同，其中氢占两份，氧占一份。从这个事实看来，你们便可明白，为什么我用两小瓶的氢和一小瓶氧来混合了，能够发出最响的爆声。这种混合气体在爆发时都产生少量的水，这水受了高度的热，便蒸发而很猛烈地冲出瓶子，同时发出巨声。因了这巨声，你们也许以为这种爆发一定会产生了多量的水，但实际上却是很少的，不过很小的一滴罢了。这事实，你们可以用数字计算出来。化学告诉我们要制成一升的水，须有1,860升的混合气体，其中620升为氧，其两倍即1,240立升的氢。由此可知，从我们这个只能1/4升混合气体的瓶子所生的水，当然是少之又少了。试想，氢和氧结合而成小小的一滴水，其所行的婚礼是多么隆重啊！

"现在我们要谈谈用硫酸和锌来制造氢的理由了。我们知道硫酸是硫的氧化物的水溶液，其中含着三种元素，即氢、氧、硫。硫酸中的氧和硫，与锌的化合力较强，所以遇见了锌，便同锌化合而成另一种新的化合物，叫作硫酸锌。一方面氧因为失去了结合的对手，即氧和硫只好独自地跑开了。至于那新的化合物硫酸锌，从其名称看来，可以知道它也是一种盐类。这盐因为极易溶解在水中，所以我们不能够看见它。现在我们且来看看方才发生氢的瓶子吧。此刻化学作用是停止了。所有的锌都已变成盐类，溶解在水里，只剩下一些不起化学作用的黑色杂质。我们且让这瓶子静静地放在壁角里，将来溶解在水中的物质，会慢慢地结晶出来，生成一种白色的沉淀。这白色的沉淀物质，有强烈的滋味，就是我们方才所说的硫酸锌。"

第二十章　一支粉笔

"孩子，今天我们将不再听见高响的机关枪声和刺耳的特别音乐了，也不再看见猛烈的火焰和热闹的氢氧结合典礼了。但正因为这是一课静的功课，所以它的重要也不亚于上一课。我们要问煤或木炭燃烧后变成了什么东西？我们看见它在氧中烧得非常明亮，我们绝不会一下子就忘记了这件大的展示。在这燃烧作用中产生了一种不可见的气体，这气体就是普通所称的碳酸气，也就是我们以前讲到过的碳酐气体。它和别的酐一样，其水溶液——碳酸，略能将蓝试纸变成红色。碳酸气虽然是一种习知[1]的气体，但是我们以前只知道它的名字而不知道它的真实的性质，所以现在有详细研究的必要。第一，我得指示你们怎样去认识它和怎样去制备它。

"这是一块石灰，我用些水来洒在这上面，使它发热而制成粉末。然后我再加入更多的水，把它搅成薄糊状。你们总还记得，石灰是略能溶解在水中的，现在我就要制成这样的一种溶液，要澄清明洁，没有丝毫未溶解的石灰质。我把这薄糊状的石灰放在一个垫着滤纸的漏斗中滤过。你们知道要分开粗细两种物质的混合物，可以用筛，使细的物质落在筛的下面，粗的物

1.习知：熟知。（编者注）

质留在筛的上面。滤纸也是一种筛，纸上有许多看不见的细孔，使已溶解的成为微粒子的物质从细孔中通过，未溶解的大颗粒的物质留在纸上。所以凡液体中含有杂质或沉淀物的，都可以用滤纸来滤清。滤纸是一种圆形的纸片，或大或小可以从药房或仪器商店中买到。若是没有滤纸，就是中国的棉料纸也可以代用，因为滤纸的优点只是输送有细孔和遇水不破罢了。在应用的时候，先把圆形的纸对折成半个圆形，再对折成扇形，这样对折后再对折，直到不能再折为止，最后把它稍稍展开，就做成功一个有皱纹的纸漏斗了。于是将这纸漏斗放在一个玻璃制的（或金属制的）漏斗里，并将这玻璃漏斗的柄插在一个承受滤过的液体的瓶子里。

"我的滤器已经预备好了，我现在把这石灰的薄糊在这里滤过。你们注意，在过滤器上面的液体是多么浓厚，多么浑浊，而在滤器下面瓶子里的液体是多么洁净，多么清澈，差不多像清水一样。试想，这滤纸能够把已溶解的石灰和未溶解的石灰完全分解开来，岂不是一种奇异的筛子吗？经过了过滤器的液体，看去虽然像水，但实在还含有已溶解的石灰，这个事实我们可以从它的滋味上辨别出来。这种水溶液称为石灰水，我们将要用它来做碳酸气的实验。

"我们现在必须用木炭在空气中燃烧，制造出一些碳酸气来。这是两个同样大小的瓶子，瓶子里都充满着空气，我在一个瓶子里放入一段炽燃的木炭，让它继续燃烧，直到熄灭。这样，少量的碳酸气已经制成了。因为它是一种不可见的气体，所以我们不能看见它，但是用石灰水可以证明它的存在。我用汤匙来在瓶塞注入一两匙石灰水，而加以振荡，这石灰水就立刻变成浑浊的白色液体。这是不是因为瓶中有了碳酸气，才将石灰水变成白色呢？在下切实判断以前，我们必须先求之于实验。我在另一个含空气的瓶子里注入一些洁净的石灰水而加以振荡，却见瓶中的石灰水并没有什么变化，还是明洁的和清水一样。可见使石灰水变色的一定是碳酸气，绝不是氮，也绝不是氧。我再来补充一句话，你们必须记好，气体除了碳酸气以外，都没有使石灰水变白色的力量。

　　"从这样看来，可知石灰水乃是辨别碳酸气和他种气体的一种工具。譬如，在一个瓶子里充满着某种未知的气体，我们如果不能确定它是不是碳酸气，就可以用石灰水来判定，它如果振荡后石灰水变成白色，那一定是碳酸气，否则一定不是碳酸气。有时碳的燃烧，往往不为我们所觉察，有了石灰水，就可以把这事情很快地解决。关于石灰的这一种性质，我们将来还有用得着它的地方，所以我们必须先把这个真理牢记在心里，即碳酸气能将石灰水变成白色，反之，凡气体能将石灰水变成白色的一定是碳酸气。

　　"我把被碳酸气所变白的液体倾在一只玻璃杯里，把杯子拿到光亮的地方，对着光望去，就看见其中有许多白色的细颗粒，在那里团团地旋转。我们如果把这杯子静置了片时，液体中的细颗粒就渐渐下沉，又变得和清水一样了。我把上面的液体倾去，把下面微量的沉淀物留着。这沉淀物是什么东西呢？从它的外表看来。你们也许要说它是面粉、淀粉或白垩粉。是的，它的确是白垩粉，和用来制造粉笔的白垩粉是同一种物质。

　　"但是你们不要以为在黑板上写字的粉笔，就是这样的原料来制成的。要是为了制造粉笔而须燃烧木炭，溶解石灰，那么，所需的费用和工程就未免太大了。普通制造粉笔的白垩，是天然产出的，只要除去杂质，调水用模型压成条状即成。此刻我们所得白色物质，乃是用人工方法制成的白垩。这白垩是怎样来的呢？那是因为碳酸气碰到了石灰水。就和其中的石灰相结合而成为一种盐类，俗称碳酸石灰。

　　"碳酸石灰虽然总是由于碳酸和石灰化合而成的，但是它在自然界产出的状态，如粗细、坚松、硬软却并不相同。质地粗松、柔轻而易粉碎的白垩，硬而细致的是石灰石，建筑石、铺石，硬而细致的是大理石。这种种的石头，虽然名称，外形和用途各不相同，但是构成这种石类的物质确是相同的，都是燃后的碳和石灰的化合物。化学不管物质的外形，只认得它的内部的构造。所以对于上面所说的各种石类都叫作碳酸石灰。因此，在必要时，我们也能从白垩，石灰石或大理石中制出碳酸气来，它和燃烧木炭所生的碳酸气完全是一样的。

"从上面所讲的看来，可知制造碳酸气并不一定要燃烧木炭，几小块的石子也可以供给完全同样的气体。化学在无知的人看来，简直好像是魔术，能够捣乱我们习惯了的意念。你要找最好的燃料吗？化学却叫你到水里去找。你要找燃烧木炭时所生的气体吗？化学却让你到石子里去找。

"白垩中有碳，最黑的物质会存在于最白的物质中。对于这个事实，便是好疑的爱弥儿也将深信不疑。我方才在瓶中燃烧的的确是碳，形成木炭的碳，燃烧后所生的碳酸气，是碳和氧的化合物。后来碳酸气碰着了石灰水，就和石灰水相化合，形成白色的小颗粒，悬浮在水中，这就是白垩。方才我说白垩中的碳是已经燃过了的碳，若不是它的同伴氧驱逐掉，它是不能够再起燃烧的，所以白垩是一种不能燃烧的物质。不过，另外有许多物质，其中含着未经燃烧过的碳，这种物质却是可以燃烧的。譬如，用制造蜡烛的蜡，外观虽很洁白，但是其中却含着多量的碳，这只要想一想蜡烛燃烧时有黑烟发生就可明白了。就是把这黑烟除开不管，我们也可以设法证明它的确含有碳。这方法是很简单的，只要把蜡烛点着，检查燃烧时有没有碳酸气发生就是了。要是有，那就可证明这白色的蜡的确含有碳。现在让我们试验起来吧！

"我在瓶中注满清水，再将它倾出，使瓶中充满着纯粹的空气。然后我把燃着的蜡烛附着在铁丝上，并探入瓶中，让它继续燃烧直到熄灭。现在这瓶子里有没有碳酸气生成？我们的石灰水可以告诉我们。我在瓶中倾入少量的石灰水，将它摇荡了一会儿。看啊！那石灰水已变成乳白色了，从此可知，这蜡烛在燃烧时已产生了碳酸气，同时，可以证明制造蜡烛的蜡，的确含有碳。

"让我们再举一个实例。纸也含有碳，我们只要烧一张纸片，而检查它的黑色的灰烬，就可以想见其中是含有碳的。但是在未经用实验证明以前，我们还不能下绝对的判断，因为黑色物质不一定是碳，单看物质的外形是往往容易受骗的。我再在瓶子里换以纯粹的空气，卷好一张纸条来塞在瓶中燃烧，不使灰烬落下。然后我用石灰水注入瓶中，就见那石灰水立刻变成白色。从此可知，瓶中已产生了碳酸气，同时，可以证明纸的确含有碳。你们看，这些都是它自己说出来的。

"再说，由燃烧纸片时所生的黑烟和残余的黑色灰烬，我们可直觉地知道纸中含碳。正如，由燃蜡烛燃烧时所生的黑烟知道蜡中含碳一样，虽然纸和蜡都是白色的。但是另外有一种物质，却并没有这样含碳的痕迹。那就是酒精，由酒精强烈的气味，可以证明它并不是水，虽然它和水同为无色透明的液体。酒精极易着火，能举无烟的火焰而燃。那么，这无色的可燃的液体究竟含不含碳呢？从它的燃烧作用中，我们找不到一点含碳的痕迹。它既没有黑烟，也没有黑色的残烬。在这里，只有石灰水能解决这个问题。在一只附着在铁丝的一端的小杯中，我们注入少量的酒精，将它燃着了探入一个盛有纯粹空气的瓶中。等到杯中的酒精停止燃烧时，我就用石灰水来试验，结果石灰水被变成白色。问题就立刻解决了。我现在可以绝对地断定，酒精的外观虽未无色透明得和水一样的液体，他的成分中却含有黑色不透明的物质叫作碳。

"用了这同样的方法，我们可以去试验种种的物质，凡燃烧后所生的气体能将石灰水变成白色的，其成分中都含有碳。我所以对于这一个事实要这样地反复说明，无非是要使你们明白，要认识一种化合物的真实的性质，单凭外观是靠不住的。我已经替你们用实验来证明，物质的外观虽然不像含有碳，而实际却是含有的。现在我需你们留意那桩更奇异的事实，即一小块石子能够产生我们所谓碳酸气的气体。

"白垩大理石和一切的石灰石，其成分中都含有碳酸气，碳酸是一种酸力很弱小，碰见了其他任何强酸总是退避不及地将自己的地盘让给它。化学世界是一个强权的世界，'滚开些，让我来！'的思想，在那里非常盛行。所以，我们如果在碳酸石灰上注了一些强酸，其中的碳酸气就会被新来者驱逐出来，同时，这个新来者就占据了碳酸气的地盘而和石灰化合成一种新的盐。譬如，硫酸能够把碳酸盐变成一种硫酸盐，磷酸能够把碳酸盐变成一种磷酸盐。在上面两种情形里，都会有碳酸气放出，而在石子的表面相应地发生许多气泡。

"这作用是很好看的。让我们把方才用人工方法做成的白垩粉来试验一下吧。在这杯子底下的白垩粉末还没有干燥哩，但是这个和实验的成功与否并没有什么关系。我注一滴硫酸在这白色的糊上，立刻就看见这混合物像沸腾地在发生泡沫。这些泡沫是由许多充满着被硫酸驱逐出来的碳酸气的小气泡聚集而成的。现在让我们再来试验一些真的白垩，如用来在黑板上写字的粉笔。我取了一支粉笔，又用一根细玻璃棒醮一点硫酸来滴在粉笔上。在酸和粉笔碰着的地方，也发生了泡沫，这是碳酸气被硫酸所驱逐的确凿证据。

"你们早已听见我说过，这白色粉末的性质和白垩相同，从现在的实验更可把这事实加以有力的证明。这两种物质碰着了酸，都会起泡沫而生成同样的气体，若是分别举行大规模的操作，把所有气泡中的气体捕集来加以试验，这事实也是很容易证明的。总之，它们的相同，不仅是表面的，而且是内部的。换句话说，这两种物质乃是同一种东西。

"再说，石灰石和前两者也是同一种东西。但是我们怎样判别某种石子是石灰石，而某种石子不是石灰石呢？这是急需解答的一个问题，因为我们正要找寻这种石子来制取多量的碳酸气，以供种种的实验。化学告诉我们强酸是最可靠的石灰石鉴别家。只要一小滴的强酸，就可把这个问题解决了。这是一块从水滩边拾来的硬石子。我用一些硫酸来滴在这上面毫不起作用，也毫不发生泡沫。可见这石子不含碳酸气，不是碳酸盐，所以不能用来制取我们所要的气体。我们只好把它丢弃了。这也是一块很硬的石子。我用同样的方法来试验，当硫酸落在这石子上的时候，就立即产生泡沫了。可见这石子是含有碳酸气的，所以它是碳酸石灰，也就是石灰石。凡是不熟悉石子的人，不能从石子的外观以判别何者是石灰石，何者不是有石灰石的时候，都可以采用以上所说的方法。"

爱弥儿道："这方法是很简便的，凡石子遇强酸能产生泡沫的是石灰石；不能产生泡沫的就不是石灰石。凡发生泡沫的石子，是表示其中不含有碳酸气；不发生泡沫的石子就表示其中不含碳酸气。"

叔父道："对啊！现在我还要告诉你们一桩事，石灰石是一种碳酸盐，在化学上应该称为碳酸钙，前面已经说过。但是碳酸盐并不只有碳酸钙一种，其他的金属如铜、铅、锌等，都有一种或一种以上的碳酸盐。不过在自然界中以碳酸钙的分量为最多，并且它在我们的世界上负着重大的任务，所以我要特别提出来叫你们注意。土壤的大半是由碳酸钙造成的。而蜿蜒数千里的山脉也有不少石灰石。不过所有的碳酸盐，无论在自然界产出得很多或很少，碰着了强酸，都无例外地会产生泡沫而放出碳酸气。因为它们都含有碳酸气，否则就不能称为碳酸盐了。从碳酸盐的这种特性，我们立刻可以学到新的功课。

"我在这只杯子里放下一把从灶膛中拿出来的柴灰。我假如问你们这些灰是什么东西，你们一定不能回答我，因为从它的形状、滋味、嗅气上，都不能得到一点暗示。但是我们用一个巧妙的间接方法，却能很快地解决这个问题。我在灰上注了少量的酸。灰中就猛烈地产生泡沫。因此我知道其中有着什么，谁能告诉我？"

爱弥儿抢着答道："有着碳酸石灰。"

裘尔斯道："我想，爱弥儿回答得太快了。一切碳酸盐碰着强酸都会产生泡沫，所以这泡沫只能指出灰中含有碳酸盐，并不能告诉我们是哪一种碳酸盐。"

"你的话说得很对，这灰中含有一种碳酸盐，但并不是碳酸石灰。它是另一种你们不大听到的金属称为钾的碳酸盐。我方才的实验虽然并不告诉我们这灰中所含的金属到底是什么，但它至少告诉了我们这灰中是含有碳酸气的。所以化学家决定物质的性质，都是用像这样的实验的。譬如，你拿一块矿石，或一撮泥土，或其他任何物质到化学家那里去让他检验。他用一种化学药品来把它试验一下，就告诉你其中含有铁；他用另一种化学药品来试验一下，就告诉你其中含有铜；他再用第三种化学药品来试验一下，证明其中含有硫；这样地一一试验下去，就把这物质的成分完全告诉你。然而这铁、铜、硫，非但为肉眼所不能看见，就是在进行各种试验的时候，也非平常人所能看得出来。化学家所以知道这物质中含有铁、铜、硫等元素，是看了各种化学药品对于该物质所起的作用而推断出来的。当一块白色的大理石碰着硫酸而产生泡沫，我就判定它含有碳，某种物质含有那种元素，而不必直接用肉眼来观察。

"现在让我预备来制造一些碳酸气吧，在这里我们已备有多块碎石灰石。我拿起一把石子来放在瓶里，再加入一些清水以冲淡强酸的作用，使气体不致放出得太快，因为气体猛烈地放出，在驾驭上是很困难的。这次所用的酸，将不是方才所用的硫酸。因其产物附在石子的四周，而阻碍作用继续进行，使气体的解放中途停止。所以这操作在初虽然很难顺利进行。到了后来即完全终止了。要使气体自由地解放，那石子的四周必须常保清洁，不能为障碍物所蔽。换一句话说，那新的化合物必需的时候，立即离开，要造成这样的状况必须使这新的化合物溶解在周围的水里。用盐酸，使可以达到这个目的。"

　　爱弥儿问："你说什么酸？"

　　"我说盐酸。"

　　裘尔斯道："你以前说过，在造成某种酸的非金属的名字后加一个'酸'字，即得某种酸的名称。现在这盐酸的'盐'字，并不是一种非金属元素的名称，这是什么缘故？"

　　"对于这一个问题，我应该分两层来说。第一，盐酸因为是用食盐水制成的，所以俗称为盐酸，正如硝酸是用硝石来制成的，所以俗称为硝酸一样。第二，盐酸和以前所说的各种由非金属氧化物而成的酸如硫酸、碳酸、磷酸等不同，以前所说的酸，都是含氧的酸，而盐酸却是不含氧的酸。盐酸是由氯和氢两种气体化合而成的，所以它的化学名应该是氢氯酸，不过因为盐酸这个名字大家已经说惯了，所以我们仍旧称它为盐酸。这氯，我希望你们不要忘记，是食盐、氯酸钾和氯酸中所含有的一种非金属元素。至于这氢，在上一课中还在讲起，当然不用我再加说明了。

　　"盐酸或氢氯酸是一种黄色有强酸味的液体，在空气中会发出嗅味极辛辣的白烟。我在这盛着水和石灰石的杯子里注下了一些盐酸，那石子中的碳酸气就被盐酸所驱逐而解放出来，因此石子四周就猛烈地产生泡沫。关于这个化学作用，我们将在下一课中再作详细的说明。"

第二十一章　碳酸气

　　"从昨天的功课中，我们知道石灰石中含有多量的碳酸气，又知道要解放这石子中的碳酸气，只需加入另一种较强的酸，特别是盐酸，因为它能使石子的表面常保清洁，而不妨碍作用的继续进行。我们今天的计划，是要从石灰石中提取这碳酸气。所需的装置和制氢的装置一样，就是一个有很大的原木塞的广口瓶，木塞上穿两个孔。一个孔里插入一根直玻璃管，自顶直穿到底，在管的上端装着一个小玻璃漏斗，没有玻璃漏斗，用锥形的纸来代替亦可。盐酸就从这漏斗慢慢地注下去，使泡沫不致发生得太快。在另一个孔里，插入一根曲玻璃管，用来导出瓶中的气体。

　　"这就是我们所需要的工具，一个有两孔的大木塞的广口瓶。在这个瓶里，我放入一把最坚硬的石灰石碎块，要是我有大理石，那当然更好。只是我一时找不到这东西，所以只好用石灰石了。好在用石灰石的缺点，只是多生杂质，容易把液体弄污，此外并没有什么重大的妨碍。我先在瓶里加了一些水，再将瓶塞安上，把直玻璃管插入水中。然后，我注入少量的盐酸，即见水中发生骚动，这是因为石子中的碳酸气已在解放出来了。现在我们已用不着再加注意，可以让作用自己进行。不过隔了相当的时候，还须加入少量的盐酸,使作用不致中途停止。"

爱弥儿见叔父很不经意地放置了那瓶子,就大声道:"快些,快些拿一盆水来!"

叔父告诉他说:"这个试验是不必用水盆的,我们不用水盆,同样可以得到我们的碳酸气。"

"可是这气体快要逃走了。"

"就是逃走一些也没有什么,它的制备是这样容易,而所需原料又值不了多少钱。石子是不要钱买的,俯拾即是。微量的盐酸,至多也不过值几个铜子。并且我不防止这气体逃走,还有一个理由,瓶子里本来有着空气,我是要让碳酸气来将它赶走。

"现在,瓶子里的空气大概已经被赶走了,即使有也是很少的。我将曲玻璃管导入另一个广口瓶中,使管的一端,一直插到瓶底。再隔不久,这瓶子里就会充满碳酸气。"

裘尔斯反对道:"不过这瓶子没有木塞,从曲玻璃管中放出来的气体,一定要逃到瓶外去,即使不然,也会有空气混杂在里面。"

叔父答道:"这一层你可不用担心。碳酸气比空气重,当碳酸气从曲玻璃管中导入集气瓶的底边时,就排开瓶中原有的空气,而渐渐地积成很厚的

气层。被排除的空气不绝向瓶门流出，同时碳酸气也不绝地占据它的位置。这样地继续进行着，直至碳酸气完全占据了那集气瓶。我们如果有一杯油，在这杯油里慢慢地注下水去，将会发生怎样的现象呢？为了水比油重，水将积聚在杯底，渐渐上升，终至把油类完全排出杯外。碳酸气导入充满空气的瓶中时，所起的现象和这个相同。"

爱弥儿道："我懂得了，不过我还要问你一句话。油和水，我可以从颜色上辨别出来，但是现在这碳酸气和空气，却都是看不见的东西，我们怎么能够知道瓶中的空气已被逐出，而只剩下纯粹的碳酸气呢？"

"我们的眼睛果然看不见它，但是借了火焰的帮助，我们却能理解有这么一回事。碳酸气是燃烧的敌人，它不能容许有些微的火焰存在。我要点着一张纸来放在瓶子的口边。如果这烛火能继续燃烧，那就表示瓶口还有一层空气留着，如果这烛火立即熄灭，那就表示瓶中已完全是碳酸气了。现在我们可以来试一试它。你们看啊！这燃着的纸片还未及放入瓶头，便已熄灭，这证明碳酸气已积聚到瓶口了。 现在我们就可用这一瓶气体来做实验。这发生碳酸气的装置，眼前已没有什么用处了，我暂时把它放在一旁。等到再需要它的时候，我们只要注入一些盐酸，使其和石灰石相作用就得了。

"现在这瓶子里的气体，就是我们从石灰石中解放出来的碳酸气。它是无色的、透明的和不可见的气体，外观同空气一样。它被化合作用大量地禁锢在小小的石牢——石灰石中，所以不到胡桃大的一块石子，能够产生好几升的气体。我们刚才是将碳酸气从石子中驱逐出来，现在我们却要赶它回去，使它重新禁锢在小小的石牢中。我在充满碳酸气的瓶中注下了一些石灰水，加用手掌密闭瓶口，加以振动，那液体就立刻变成白色，像酸牛奶一样。我们让它静置片刻，那些白色物质就沉入水底，积成很厚的一层。你们已经知道，这白色物质就是碳酸石灰，也就是白恶，是石灰水和碳酸气发生化学反应生成的一种化合物。所以我们在这里得到了一个新的证明，即石灰石中的确含有由木炭燃烧而成的碳酸气。

"方才的碳酸气是消失了,它被禁锢在白色的石灰石里,这石灰石干燥后加以压缩,就会变成石子。现在我拿出发生碳酸气的装置来,再在这个瓶子里捕集一瓶碳酸气。你们想,一个燃着的烛火在充满碳酸气的瓶子中会起到怎样的变化呢?"

爱弥儿道:"那烛火立刻熄灭,和燃着的纸片一样。"

裴尔斯补充爱弥儿的话说:"除了在氧中或空气中,一切的物质都不能燃烧。"

果然,那烛火一拿到瓶口, 就立即熄灭。其结果的迅速和氮完全,简直胜过了氮。不但那火焰立刻熄灭,就是烛芯上的火星,也顷刻消失无余。

保罗叔又说道:"我们虽然不会做残忍的实验,但是可以很肯定地推知这气体既不能助燃,当然也不能维持生命。动物在碳酸气中很快地窒息而死,和麻雀在氮的雾气中一样。现在让我们再来证明碳酸气体较空气重。在捕集碳酸气的时候,我们并不借水盆的帮助,这实在已可证明碳酸气重于空气。但是我还要给你们一个更显明的证据。

"我们用两个瓶子,有同样数量的容积,同样大小的口头。在右边的瓶子里,充满着碳酸气。我探入一个烛火,那火焰立刻就熄灭了。在左边的瓶子里,充满着空气。我探入一个烛火,那火焰能继续燃烧,现在我拿出烛火将右边的瓶子慢慢地倒转来,覆在左边的瓶子上,使两个瓶口相对,正如从右边的瓶子注水入左边的瓶子一样。这时候,我们虽然看不见上面瓶子里的气体在流入下面瓶子里,也看不见下面瓶子里的气体在升入。但是事实上,它们确是在这样地掉位,我们立刻就可得到证明。碳酸气是较重的气体,所以就下降而充满下面的瓶子,空气是较轻的气体,所以就上升而充满上面的瓶子。稍待几分种,待两种气体完全换位以后,我把两个瓶子复归原位,在用烛火来试验。试验的结果是烛火在右边的瓶子里能继续燃烧,可见其中原有的碳酸气已变成了助燃的空气；烛火在左边的瓶子里立即熄灭，可见其中原有的空气已变成了不助燃的碳酸气。我们从此可以知道，上面瓶子里的碳酸气已经和下面瓶子里的空气互相换位了。

"现在，请你们听着。在有几处地上，常有碳酸从地上溢出，尤其是在火山的附近。地面上有碳酸气的泉，正如水的泉一样。最著名的碳酸气泉是在那不勒斯（Naples）附近的波佐利（pozzuoli），一个被称为"狗窟"的地方，那里畜着一条狗，用来娱乐好奇的游客。这窟是在山岩中，窟中的空气很污浊，很潮湿，很温暖，各处的泥土中都发着气泡。"

"这窟有一个管理的人，为了博取游客的金钱起见，常使狗演着一种可怕的游戏，他缚住了狗的四肢，把它放在窟中，他自己也直立在那里。从表面上看来，这窟中并没有什么危险，闻不出恶臭，看不见污浊。而且窟的管理人也站在那里，他并没有不舒适的表示。然而躺在地下的狗却发出呻吟的声音，四肢不绝地抽搐着，它的眼昏黑无神，它的头沉重地垂下，显然离死亡不远了。但是在那个时候，狗的主人就把它抱出窟外，解去束缚，让它呼吸新鲜的空气。那动物就渐渐地苏醒了过来，初时僵直地伸着四肢，继而急促地喘着气，终于站起来拼命地逃开了，显然是怕受第二次的刑法。

"这狗是在演着他主人所教的把戏吗？它的死是假死吗？不是的，这狗委实到了将死的境地。在它每天受数次的酷刑的经验中，深知它受到这种不幸的原因，所以它遇见陌生的游人走近去，就要高声狂犬，以咬啮相威吓。因此它的主人要把它拖到狗窟中去时，就不得不用强迫的手段，这时，这可怜的动物便垂尾倒耳地露出一副怨抑[1]的神气。可是等到酷刑一过，游人去了以后，它又快活得什么似的了。

"关于狗窟的秘密是不难说明的，我已经说过，在狗窟中的地上不绝地有碳酸气放出。这种气体是不适于呼吸的，所以动物经了几次的呼吸，就

1.怨抑：怨恨抑郁。（编者注）

会窒息而死。又因碳酸气比空气重，所以它不能均匀地散开，而集聚在地面的附近，成为半尺来高的气层。人站在狗窟中，气层只集膝际。至于那被缚住四肢躺在地上的狗，却完全淹没在这气层里。那主人就因为不吸着这有害的气体，所以并不觉得难过，那狗就因为完全吸着这种气体，所以几致闷死。假使叫狗的主人躺在地上，他定会遭到和狗同样的命运。

"那很重的气体虽然不绝地发生，但也不绝地从窟口逸出，在空气平静的时候，往往形成一种气流。这种气流是看不见的，所以人在其中穿过，丝毫不能觉到。不过它的存在可以用烛火来测知，烛火在这不可见的气流以外，能够继续燃烧；但是当烛火没入这气流中时，就立即熄灭，和没入水中一样。用了这个方法，我们可以测知这种气流一直达到窟外的若干距离处，过了这个距离，就都给流动的空气冲散了。"

叔父讲过了这故事，裘尔斯说道："要是这窟离此不远，我一定要去参观参观。不过，我总不让那只狗受到那种可怕的刑法。我只要用烛火试验一下，看它被持近地面时，会不会熄灭。"

叔父答道，"如果你紧紧要做这样的实验，那就无需跑到波佐利去，因为我们可以仿造狗窟中所有的状况。我们可以用敞口瓶代替窟，用制造碳酸气的装置中所放出的气体代从地面上升的碳酸气。我在发生碳酸气的瓶中加了一些盐酸，使它重新发生碳酸气，然后把曲玻璃管插入另一个狗窟的敞口瓶底。碳酸气从曲玻璃管放出，就因它本身的重量而泄流瓶底，同时，把等容积的空气赶走，渐渐地积成一个厚厚的气层。在某时候，瓶中的气层净有多少厚，原因是碳酸气和空气，都是不可见的东西。然而从装置中产生气泡的活动性看来，碳酸气何时在充满瓶子的一半，是可以约略猜出来的。到了这样的时候，我就将敞口瓶中的曲玻璃管取出，以停止气体的流出。

"现在大概是取出曲玻璃管的时候了，取去了曲玻璃管，这个广口瓶就可以当作人造的狗窟。就是在瓶的下半部充满着碳酸气，瓶中的上半部充满着空气。你们看好，瓶中的两种气体，外观是一样的，因为它们同为无色的不可见的气体。我们不能用眼睛看出碳酸气层的终点在哪里，空气层的起点在哪里。不过，我们虽然不能用眼睛看出，这两种气体的鲜明的界限却终究是有的。

　　"我用一个烛火慢慢地探入瓶中，起初，它照平常一样燃烧着，并且在往下探入的时候，它还是燃烧着，不过后来到了一个界限，它的火焰变得暗淡起来。这就是上下两层气体的分界线，我把烛火移到这条界限以下，使它完全淹没在碳酸气里，烛火就立即熄灭了。这就是裘尔斯所要看到的烛火在狗窟中的情形。烛火随着位置的或高或低，而或燃烧或熄灭。

　　"现在试想象这个瓶子里放着一长一短的两个动物。短的动物完全淹没在下面的气层里，长的动物能翘首在上面的气层里。前者在短期间内就会死亡，因为它所吸入的气体是不能维持生命的。后者并没有不舒适的感觉，因为它有多量的空气可供呼吸。人和狗在狗窟中的情形，就是如此。"

第二十二章　各种的水

"小友，我们假使认为化学一连串的实验，只供空暇时的舆论，那是重大的一个错误。固然，看镁带在氧中很明亮地燃烧，或放一个轻气泡，点火使它爆发，是非常有趣的，但化学的目的却不及此而止。化学是一种庄严的学问，对于我们周围的物质的宇宙有着极密切的关系。今天的功课是要告诉我们荷兰水、啤酒等饮料为什么会发泡？

"我们开荷兰水瓶的盖，或把荷兰水从瓶子里倒到杯子里的时候，荷兰水中就会发生许多的泡沫。这是由于荷兰水中含有多量的碳酸气的缘故。啤酒的发泡也是由于这同一原因。"

裴尔斯道："各种的荷兰水多有一种辛辣的滋味，不过这滋味并不恶劣，请问这辛辣的滋味是不是从碳酸气来的？"

"是的，碳酸气虽是一种极弱的酸，但它仍有一切酸类所特有的滋味，不过比较淡一些罢了。"

"那么，我们喝荷兰水的时候，同时还吞下许多碳酸气，这不是于人的身体有害吗？"

"碳酸气如果被大量的吸入肺脏，这是有害的，如果被吞入胃内，因其具有酸性,反而能帮助消化[1]。你们应该明白。这样的一种物质虽然不利于人的呼吸,但对于人的胃却完全无害。水是不适于呼吸的,因为它在肺中不能供给空气。没有人敢在水中呼吸,人呼吸了水,结果就会闷死,也就是我们通常所谓的溺死,但是水仍不失为一种最好的饮料。碳酸气和水一样,它是可以被吞入胃中,毫无危险的,并且若和一种饮料相混合,更有帮助消化的益处,但是谁敢无限制地呼吸了它,就立刻有闷死的危险。

"我们所喝的一切水里,差不多通通含有天然产的碳酸气。正由于这种气体及其化学作用,使我们在饮水时得到一种石质,以供给我们全身的骨骼生长。我们寻常所喝的水,无论外观怎样的清澈,总不是纯粹的,其中都溶有杂质,久用的水壶,都在壶底积着一层坚硬的石状物质,便是一个有力的证据。这种石状物质黏住气壁,非常牢固,需擦以浓厚的食醋,而能把它除去,它有这样强大的黏着力,就因为它是真石子的缘故,这石子和建筑用的石子是一样的。简单地说,它就是石灰石。由此可知,无论怎样清洁的水,其中都溶有石子,这正如有甜味的水,必溶有糖质,而为我们的眼睛所不能看见一样。"

爱弥儿道:"这样说来,我们喝一杯水,同时就吞下一粒石子去。这是我从来不会想到过的事。"

"小友,我们幸亏常常在吞下一些石子去呢!我们的身体要发育长大,很需要多量的石灰石,以供制造骨骼的原料,骨骼的对于人体,正如梁柱的对于建筑物一样。我们所需要的石灰石,并不是由我们自己造成的,而都是从饮食中获得的。水是我们取得石灰石的主要源泉。要是水中不含石灰石,那么,我们的骨骼不能得到正常的发育,而我们的身体将要像瘫子一样了。

"一个简单的实验,可以指示我们石灰石怎样溶解在水里。在这个小瓶子里盛着少量明洁的石灰水。我将制碳酸气装置中的曲玻璃管通入瓶底,

---

1.如果吞入过量,会导致睡眠时出现胃痛。(编者注)

就见石灰水转成乳白色。我们知道，这是由于碳酸气和石灰化合而成的盐酸石灰——石灰石，即白垩的缘故。这本来是已经做过了的实验，并没有什么新的意义，不过，我们若是让碳酸气继续地在石灰水中放出，那么，等到所有的石灰石统统和碳酸气相化合以后，这所有的石灰石就会溶解在水中，虽不是全部能溶解，但至少可有一部分溶解在那里，所以我们将要看见这液体渐渐失其乳白色，而变得和实验开始以前一样。

"现在你们看吧，那白色物质已经消失了，这液体已经变得和以前一样的明洁。然而我们可以确定，在这种液体里，我们虽然看不见什么东西，却一定会含有方才所生成的碳酸石灰，不过这碳酸石灰已溶解在水中，所以看不见了（这实在是碳酸再和碳酸钙相化合而成可溶解之酸性碳酸钙）。我们再把方才所学到的东西综括[1]起来就是，含有碳酸气的水，能够溶解少量的石灰石。"

"现在我还要告诉你们一件事，如果这溶有碳酸石灰的明洁水，被静置数日，那么，其中的碳酸气会渐渐逸去，这正如荷兰水在杯子里放置太久，其中的碳酸气会逐渐逸出一样，同时那溶解的石灰石因为失去了一部分的碳酸气，就又变为白色的粉状物质。这种变化，我们可以设法来很快地促成它，我们只要把这液体加热，逐出其中一部分的碳酸气，就可看见那白色的粉末，又重新分离了出来。这实验可以使我明白：第一，凡含有碳酸气的水都能溶解少量的石灰石；第二，凡溶有石灰石的水，如果在空中暴露过久或被加热，那么，其中的碳酸气就会逸去，而同时水中溶解着的石灰石就会被解放出来。

"各处地方的泥土中都含有碳酸气，我们前面已经说过了。各处的大气中也都含有碳酸气，这只要想一想每天工厂中烧煤发动机器时和厨房中烧柴煮饭时所生的这种气体就可明白了。因为穿过泥土的泉水和穿过大气的雨

1.综括：综合概括；总括。（编者注）

水在途中都碰着碳酸气，所以就有一部分气体被其吸收。后来它们流过有石灰石的地方，就又把少量的石灰石溶解进去，这便是各种天然水中含有碳酸石灰的原因。如果这种天然水久曝在空气中，则其中所含的碳酸气会渐渐逸去，同时所溶的碳酸石灰会恢复它石子的形状，而沉淀在水中的任何物体上。盛水器皿的壁上的石质，即所谓"水凝"的那种东西，就是因了这个缘由而成功的。

"适于饮用的水，须要含有少量的石灰石，在我说明了我们骨骼的构成以后，这理由是很容易明白的。不过水中若是含石灰石过多，那么，在胃里就不容易消化。最适当的分量是1升水中含有石灰石0.1～0.2克，凡天然水中所含的石灰石超过了这个比例，就称为硬水，不适于饮用。

"泉水中有时含着多量的石灰石，遇物质侵入，不久就在表面上生成一层石质。这样的泉水，称为石灰矿泉。有些石灰矿泉是很有名的，例如克勒芒斐龙（Clermont-Ferrand）的圣阿列勒（Saint Allyre）矿泉。这泉水泻在草丛间，溅成水花，若是用花、叶、果子等类的东西来放在这种水花中，就能在表面上生成一层石质，看去和用大理石雕刻出来的一样。不用说，这种水是不适于当作饮料的。"

爱弥儿同意道："那当然是不适用的，我们喝了这种水，胃里会积下许多石灰石，那是不容易消化的。"

"我们在家庭中所用的水，虽然不会含有这样多的石灰石，但是有时候也足以发生困难，特别在洗涤上。你们必定注意过，凡在水中溶有肥皂，这水多少变得白一些。这白色并不是由于肥皂，因为纯粹的水，例如，雨水中溶解了肥皂，差不多是无色的。如果普通的水被肥皂所变白，那就完全由于水中含着石灰石的缘故。在洗涤用的水中，如果含着过多的矿质，就不能筛除污物，因为肥皂在这种水中溶解的很少，大都称为微细的颗粒，漂浮在水中，使水变成白色而不和污物发生作用。

　　"像这样的水，非但不能用来洗菜，并且对于烹饪上也不大相宜，特别是烹煮块状的食物。因为水中的石质如果包被在食品的外面，你就是煮它一天也不能把它煮熟。这种不适于洗菜的水，当然也不适于饮用，我们若是把这种水喝了进去，胃中就积聚过多的石质，有碍于消化。

　　"现在我还得告诉你们关于饮用水的一个必要的性质就是，水中必须溶有少许的空气。当我们煮水的时候，在加热未久，就看见有气泡从水底发出，这种气泡实在并不是水蒸气的气泡，因为在这样的温度底下，水还没有汽化[1]。它们是空气的气泡，是溶解在水中的空气被热所驱逐出来的。这种溶解着的空气，实在是饮用水的必要物，要是水中没有空气，那么，它的滋味一定不很可口，甚至于会引起恶心和呕吐。刚从沸水冷却下来的微温水之所以无味，就是这个道理。所以最好的饮用水是泉水和流水，因为它们不息地在动，常与空气相接触，故能溶入最多量的空气。反之，静止着的水与空气的接触少，故不易溶入空气，而且往往杂着有腐败的植物质，喝了于卫生有碍。

　　"我已经说过，普通的水大都含有少量的碳酸气。现在我还要补充几句话就是，有许多泉水中含有着多量的碳酸气，甚至会发生气泡，带有酸味。这种泉水称为发泡矿泉，这种矿泉中的水可供医药上的用途。

　　"关于水中的碳酸气，我们已经说得够多了，最后让我们说说碳和氧气合而成的气体，对于人类呼吸的关系。我说碳和氧化合而成的气体，而不说碳酸气，是因为燃碳时，可以发生两种不同的气体，那种完全燃烧的，也就是含氧较多的气体，是二氧化碳，或称碳酐，俗名碳酸气，对于这种气体我们已经很熟悉了。那种不完全燃烧的，也就是含氧较少的气体，是叫作一氧化碳。我们已经知道，碳酸气是一种有碍呼吸的气体，人若连续地呼吸了它，并不换气，在几分钟内就要闷死。不过它并不是一种毒气。在饮料中我

1.汽化：是指物质从液态变为气态的相变过程。蒸发和沸腾是物质汽化的两种形式。（编者注）

们时常喝着它，尤其在喝荷兰水或啤酒的时候，在面包中我们时常吃着它，因为大气中大都含有少量的碳酸气，最后我们自己的身体本身，便是一个产生碳酸气的泉源，我们时常在呼吸中呼出碳酸气。从此可知它绝不是一种毒气。所以纯粹的碳酸气的使人闷死，并不是因为这气体本身有害，仅因它不能供给我们呼吸所必需的空气罢了。氮使人闷死，理由也是如此。

"一氧化碳的性质和二氧化碳即碳酸气完全不同，这实在是一种毒气，就是呼吸了少量的气体，也是有害的。更危险的是，这种气体每天产生在我们的屋子里，我们却不能看出它的存在。它是不可见的，无嗅的气体，一直要受到它的伤害后才知道它的存在。我们时常在友人中听见，在报纸上看到许多不幸的人，都因为疏忽和无知，在密室中燃烧煤炭，因而中毒致死。在这种悲惨事件中，燃烧时发生一氧化碳乃是肇祸的主因。我们就是闻了少量的一氧化碳，也会引起厉害的头疼和一般不适，继之以知觉减退，眩晕，恶心和极度的疲劳。这样的状况继续下去，生命就陷于危境，死亡随时可以来到。

"在怎样的状况下会产生这种可怕的气体，是我们所必须知道的事。因为一氧化碳是燃烧得比二氧化碳不完全的碳产生的，所以它的产生显然是为了有什么东西在阻碍碳的燃烧，但同时又不能使它完全熄灭的缘故。因此燃烧时如果通风不灵，如果燃料缺乏足量的空气，便足以产生一氧化碳气体。试记炭火在炉中刚烧着的时候，是怎样的情形。在起初，燃料的大部分是冷的，气流也因温度太低，并不活泼，所以这时候的燃烧很迟缓，常见有蓝色的火焰发生。其后燃烧渐旺，这蓝色的火焰就不再看见了。这种蓝色的火焰，就是有一氧化碳的存在，因为一氧化碳在燃烧时就会发生这样的火焰而变成二氧化碳。你们以后如果看见在燃烧着的燃料中有蓝色火焰发生，就可确定其中有一氧化碳气体存在着。

"现在你们总可以明白，当煤或木炭在这样的状态下燃烧时，其所发生的气体若是不从烟囱里逸出，而散布到我们的房间里来，那是很危险的事，又这房间若是很狭小，而且四周的窗户又关闭，那么，这危险就更大了。在这种狭小的房间里，万不可使用炭盆、煤球炉或风炉等没有烟囱的燃烧器具，因为那里没有良好的通风，燃烧不旺，常常会产生不可见的有毒气体，在暗中作祟，使人猝不及防，甚至未及发觉，便以中毒而死的事。不过，人站在炭盆或煤球炉边，常常觉得头痛，这头痛便是一氧化碳气所给予我们唯一的警告，我们应当随时留心这种警告，以保性命的安全。"

第二十三章　植物的工作

保罗叔说道:"我今天要告诉你们一个故事,讲我的一个朋友怎样被一个著名的厨夫所斥辱。在一个节日,他看见那个厨夫在厨房里烧菜。菜锅在炉电上徐徐地沸腾,一股很刺鼻的香味从锅盖底下透出。

"我的朋友说:'你在烧什么东西?'

"厨夫的脸上露着满溢的笑容答道:'是栗子鸡',说着就去把锅盖揭开。立刻满屋子散布着使人馋人的香味。

"我的友人说了许多积攒的话然后继续说道:

"'你的手段果然很好,不过,用好的原料来烧好的菜也并不是一件难事。理想的烹饪是要不用鱼,不用家禽,不用野味,不用一切蔬果,而能做成的一道好的菜。现在你要做一道菜,你先得上街上去买原料,这是很麻烦的事,你如果能够用及普通极易得的东西来做成一道菜,那就算是真的好手段。'

"厨夫听了我朋友的话,呆了半晌。

"他高声地说:'什么?不用鸡能够烧出来鸡吗?试问你有没有这样的手段?'

"'我哪里会有这样的手段? 不过我知道, 世界上确有这样手段的大厨夫。你和你的同伴若是与这样厨夫相比, 还算不得高明。'

"厨夫的眼睛闪着光, 他的自尊心受到了很大的打击。

"'那么, 请问他所有的原料是些什么呢? 我想, 他不用原料, 总不会烧出菜来的。'

"'他所用的原料极简单。你要看吗? 全在这里了。'

"我的朋友从袋子里摸出三个小瓶子来。厨夫拿起来一看, 只见其中盛着一些黑色的粉末, 他倒出一些来, 尝了尝滋味, 又闻了闻香气。

"他说:'这是木炭啊, 你在和我开玩笑哩! 让我看, 还有的瓶子里放着些什么? 哈哈, 这是不是水?'

"'不错, 这是水。'

"'还有一瓶呢, 咦? 这瓶子里一些东西都没有啊!'

"'怎么没有——这是空气。'

"'空气! 好极了, 用空气来做成的一道菜, 一定极易消化。你很想吃这种空气鸡吧?'

"'很想。'

"'说笑话吧?'

"'不说笑话。'

"'他当真是用碳水; 空气来烧菜吗?'

"'当真。'

"厨夫的鼻子变成了青色。

"'用了碳水, 空气, 他能够烧成一盆栗子鸡吗?'

"'能够, 一百个能够。'

"厨夫的鼻子有青泛紫, 由紫泛红。炸弹爆发了。他认定这个人发了疯, 是有意来和他开玩笑的。因此他扭住了我友人的肩膀, 将他推出门外, 随后把三个小瓶扔在他背后。于是，那红色的鼻子由红变紫，由紫变青，又由青变成了本来的颜色。不过，碳、水、空气可以做成栗子鸡的事实，却终不会得到确实的证据。"

裴尔斯道："那么，你的朋友是不是和他开玩笑呢？"

"并不是和他开玩笑，他的三个小瓶的确含着做菜的原料。我不是说过吗？木炭或碳可以造成面包、牛肉、牛奶，以及无数当作食物的东西。你们不记得一片面包烘的太久或一块牛肉忘记烧锅上所变成的东西吗？"

"我明白了，你的朋友是在说食物的化学成分——碳，固然是造成面包的原料之一，但是其他两种呢？"

"第二种水也是很容易说明的，用一块玻璃来悬空在一片烘着的面包上，你不久就可以看那玻璃上布满了一层潮湿的汽水，正如从我们的嘴里呼出来的汽水一样。这一种汽水便是从面包中蒸出来的。可见面包看上去虽很干燥，实在却含有水分。我们如果能够把一片面包中水分完全提炼出来，它的分量之多，一定会使你们兴奋。你们一定会惊奇的觉得，我们没吃一片面包，同时就吃下了多量的水。"

爱弥儿异议到："不过水是喝的，并不是吃的。"

"我说我们吃水，是因为在面包里的水并不能流动，并不难理解。它是固体，不是液体，它是干的，不是湿的，它是要嚼的，不是喝的。或者再说得明白一点，它已不再是水，而是水、气和碳结合而成的东西。"

爱弥儿道："水是造成面包原料之一，我已经明白了。不过另一个瓶子里的空气，为什么也是造成面包的原料呢？"

"关于这一个事实，很难用简单的方法来证明。我们食物中所含的三种物质，我已说明了两种，即碳和水，至于空气之存在的食物中，我只能请你们相信我的话了。"

"那当然可以相信，不过此外你还要和我们讲些什么呢？"

"你们且不要性急，讲下去自会知道。你们已经相信，面包是由碳、水和空气组成的，这三种物质在互相结合了以后，就改变它们的本来的性质，而成另一种东西。黑色已变成白色了，无味已变成有味了，不营养的东西已变成营养的东西了。

"肉类受了热的作用，可以告诉我们同样的事实，它变成了碳，而放出含有水和空气的气体。其他的食物，我们可以不再追究下去了，因为结果往往得到同样的答案。凡是我们吃的、喝的食物，一切从植物体所来的食物，大都是由碳、水和空气组成的，极少例外。让我们再说得明白一点，碳是一种单物质，一种元素，其中所含的只有碳一种，但水是由氢和氧组成的，空气却是由氧和氮混合而成的。因此这碳、氢、氧、氮四元素，乃是造成植物界和动物界中一切东西的最基本的原料。

"所以我的朋友所拿的三个瓶子，确能造成种种的食物，因为一切滋味很好的菜，都能变成碳、水和空气，所以在这几个小瓶子里所含的东西，的确有着鱼、肉、鸡、鸭等食物中所含的基本成分，不过化学家虽然能破坏物质使其变成基本成分，却还不能把这些成分拼起来做成食物。"

"那么，你朋友所说的大厨夫是谁呢？"

"这是植物，小友，尤其是草。无论在怎样盛大的宴席上，每一道菜所用的原料只有三种，虽然它们的形状和滋味各各不同。从好吃各地名产的口腹之徒到吃泥土的牡蛎，从用根在地下摄取养料的松柏到年糕团上的一点微菌，都吸入同一的原料，都靠着碳、水和空气而生活的。所以不同的，就在这些成分配合的方法。狼和人，后者的食物是和前者一样的，是从牛羊或它种动物中得到碳；牛羊或它种动物是从草中得到碳；而草……啊！说到这里，我们可以明白，草是牛、羊、狼、人等一切动物的食料供给者，它是世界上最伟大的厨夫。

"在动物的肌肉中，无论是人或狼，都可以找到由碳、水、空气三者结合而成的精细和美味的食品，而牛羊同样可以在草中找到这样的食品，不过前者的精细和美味罢了。但是植物本身并不吃什么现成的食品，却能作为牛羊的营养品而造成牛羊的肉，这是什么缘故呢？它究竟从哪里得到这碳、水和空气呢？

"草虽然不吃人类或动物所吃的由碳、水、空气结合而成的食品，却能吃天然的，至少近于天然的碳、水和空气。植物因为有一个奇特的胃，所以能消化碳元素，并摄取水和空气，把它们造成滋养品的形式，以供给牛、羊等所需的碳、氧、氮诸元素。牛羊等取得了植物中所含的这几种元素，又加工改造成自己的肌肉，最后人或狼吃了牛羊的肉，这些元素就变成了人或狼的身体的一部分。"

裴尔斯道："原来是这么一回事，人用牛羊的肉或别的食品来造成它自己的肉，牛羊用草料来造成它自己的肉，而草却是用碳以及水和空气所含的元素来造成它自己的躯体。归根结底，我们所吃的一切食品，最初，都是由植物制造出来的。"

"对了，植物，而且只有植物，能够担当这样重大的工作。人从植物本身或吃植物的其他的动物得到构成他身体的原料，牛羊或其他食草动物从植物中得到构成它们身体的原料，植物却直接吃那不可吃的碳以及水和空气中所含的元素，用了一个很巧妙的方法，把它们变成一种适用于动物需要的滋养品。因此供给全地球上的居民以食粮的，结果要推到植物。要是植物停止了它的工作，一切的动物将要因不能直接摄取碳、氧、氢、氮诸元素而饿死，牛羊因不得草料而饿死，狼因不得羊肉而饿死，人因不得各种食品而饿死。"

爱弥儿道："我明白了，因为植物能够把你朋友的三个小瓶子里的东西，直接制造成食品，所以你说它是最伟大的厨夫。"

"对了，再说，植物的取得食料，并不是吃进去的，而是呼吸进去的，所以植物摄取的碳并不是天然状态的碳,如你们常见的黑色粉末,而是一种已经溶解在它们物质中的非固体的碳,碳的溶媒[1]是氧,氧把碳变成了碳酸气,这碳酸气便是植物的主要食品。"

"我们吸多了碳酸气就会闷死,你说植物是靠碳酸气而活命的吗?"

"是的,孩子,植物是靠碳酸气而活命的。我们多吸了碳酸气固然会闷死,但是植物却能用碳酸气来制造我们的食品。你们记住,在人类呼气时,在一切物质燃烧时、发酵时、腐败时,都有碳酸气发生出来,混杂在大气里面。因此,若是没有东西把这种杀人的气体随时搜集起来,那么,在几世纪后,地球上将充满这种碳酸气而不能住人了,让我们先来看一看碳酸气发生的总量的统计。

"一个人在24小时内呼出的碳酸气约有450升(约重880克),这样多的碳酸气,约等于240克的已燃的碳和从空气中夺取的450升的氧(约重640克)的分量。照这一个比例,全世界人类(作20亿算)每年所呼出的碳酸气约有320,085,000,000立方尺,内含已燃的碳约175,200,000,000克。若是把这许多碳堆在一起,简直可以堆成一座很高的山。这就是维持全世界人类的体温所需的燃料的分量。我们人类每年必须吃比这更多分量的碳,然后随时把它变成碳酸气而呼出体外。这样看来,自从时间开辟以来,在人类呼出的气体中所含的碳,不知可以堆成多少高山呢!

"我们还须计算各种陆产和海产动物,它们所呼出的碳酸气的分量也是很多的,因为它们的数目远多于人类。它们每年在呼气中所含的碳,也许可以堆成一座像勃郎克(勃朗峰)巨大!这许多杀人的气体,积聚在大气中是多么危险!

"这个统计还没有完,一切发酵物质,如酿酒的葡萄汁、烘焙面包的面粉和一切腐败物质,如垃圾桶中的垃圾、田中的肥料,也是产生碳酸气的重

1.溶媒:是能溶解气体、固体、液体而成为均匀混合物的一种液体。(编者注)

要泉源。就是匀铺在每一英亩田中的很淡薄的肥料,每天也能产生一百立方尺或以上的碳酸气。

　　"煤、木柴、木炭,以及其他用作取暖或烹饪的燃料,还有工厂中发动机械所需的大量煤,这些不也常常在产生碳酸气后散入大气中吗? 试想,大工厂中每天要消费好几卡车的煤,从这种工厂的烟囱里散出来的碳酸气的分量该有多少? 至于那天然的烟囱火山中所喷出来的碳酸气的分量,就更其可惊,若用工厂中的炉灰和火山相比,真是渺呼其小了。

　　"这是很明白的,地面上产生碳酸气的分量,虽然多得不能以数计,但是所有的动物却并不因此而闷死,无论现在或将来。大气随时在染毒,也随时在消毒,碳酸气一混入大气中,就立刻被拘禁起来。那么,担任这卫生警察的是谁呢? 小友,这警察就是植物,植物吸收了碳酸气,一方面使我们不致呼吸有毒的空气而闷死,一方面还替我们用碳酸气来制成食品。碳酸气中有一部分是由一切腐败物质发生出来的,而这种碳酸气却是植物的主要食料。植物奇异的胃,最喜欢腐败物质。凡被死亡所毁损的东西,植物会再把它重建起来。

　　"当然我们所呼吸的空气中并不是完全没有碳酸气的,不过所含的分量不多,不足以危及生命罢了。在这一个盆子里,盛着一些石灰水,当我昨天初倒出来的时候,是完全清澈的。但是现在,你们试看它的表面,就可以见有一层透明的薄膜,如果你们用针尖来刺它一下,它立刻破裂,很像是一层薄的冰。这东西究竟是什么呢? 回答是这样,空气和石灰水相接触,空气中的碳酸气就和石灰水发生化学反应生成碳酸石灰,这样生成的碳酸石灰并不为白色的粉末,而是一种透明的结晶薄膜。"

　　裘尔斯道:"在泥水匠调和三合土的时候,我常常注意到溶有石灰的水表面上常有这种薄膜。起初,我还常当它是冰,后来见它在太阳中并不融化,才断定它是别的一种东西。"

"这是碳酸石灰,它和盆中的薄膜一样,都是由大气中的碳酸气与溶在水中的石灰化合而成的。现在既然说到这个题目,让我们再说一说泥水匠的三合土。你们知道三合土是怎样造成的吗?烧石灰的人先在石灰窑中用高热煅烧大量的碎石灰石,把其中的碳酸气逐出,使之只剩石灰。泥水匠把石灰和水化成糊状,混以砂土,就做成了所谓的三合土。这种三合土用泥巴来涂在砖石的缝隙中,可以使建筑物增加坚固性。三合土在刚做的时候,是呈糊状的,所以很容易涂在空隙里去,后来一部分的湿气发生逸去,砂砾间露出微孔,于是和水的石灰就渐渐和大气中的碳酸气化合,而结成坚硬的石灰石,紧贴在墙壁上,不易脱落。

"我早已说过,在我们四周的空气中,常常有碳酸气存在,三合土的变硬和石灰水面上生的薄膜,都是很可信的证据。不过碳酸气在大气中的分量并不多,化学家用精密的实验来测算空气中的碳酸气,结果知道在2,000升的空气中,至多只有1升的碳酸气。那么,随时放散到空气中的巨量的碳酸气,究竟到哪里去了呢?这就因为植物把碳酸气当成食品,随时将它吸收去的缘故。

叶孔放大图

"在植物叶子的表面,排列着无数的细孔,这些细孔称为叶孔。一片叶子上的细孔数,算起来当在十亿以上,不过因为它生得非常微小,所以不用显微镜是看不出来的。它们的天然形状,我无法指给你们看,我只能给你看一张放大的图,这些叶孔是植物的小嘴,植物由此吸入碳酸气。它所吸入的并不是纯粹的空气，而是对于动物有害，对于植物有益的碳酸气。碳酸气由无数的气孔吸入叶肉，叶受不了太阳光的刺激，就开始工作，把碳酸气中所含的碳和水造成了某种化合物，而把没有用的氧完全驱逐了出来。换句话说，就是把碳酸气分解为氧和碳，而夺取其中的碳。

"因燃烧或氧化而化合起来的两种物质，再要分离它们，是不很容易的，化学家要解开碳酸气中的碳和氧的结合，必须用极有效的药品，极复杂的方法，和极完善的器械，但是植物的叶仅仅靠了太阳光的帮助，就能毫不费力地很迅速地完成这个作用。

"假使没有太阳光，植物就不能消化它的主要食品——碳酸气。这样，植物就处于饥饿状态，茎叶中失去那足以表示健康的绿色，终至枯死。这种因缺乏太阳光而发生的病态，叫作'黄化'或'漂白'。所以用一张瓦来盖在草上，瓦下的草过几天就会变成黄白色。种菜的人往往利用这个作用来使某种蔬菜变得柔嫩，或使其臭味不至过于浓烈。

"但是在另一方面，一株植物受到了充足的太阳光，就立刻会夺去碳酸气中的碳。氧撇开了碳，就从叶孔中逸出，又和氮混合成为可供呼吸、可助燃烧的气体。过了一时，它仍会带着新鲜的碳回来，把碳留在植物的房里，然后再独自跑到大气中去找碳。蜜蜂从窠巢出发到田野，又从田野回到窠巢，往返不已，在出发的时候是去找蜜汁，在回来的时候是藏放蜜汁。氧是住在植物的窠巢里的一种蜂，它从动物的血腥、燃烧着的燃料和任何腐败着的物质中找到了碳，就把它带回来藏在植物中，然后再从外去找碳，这样地循环不息。"

"至于那和氧分离了的碳，就留在植物中和水化合成某种化合物，后来变成糖、树、胶油、淀粉，木纤维以及其他的植物质。最后，这些植物质发生腐败或在动物体内被吸收。植物吸收这种碳酸气后，又把其中的碳变成食品，以供给动物取用。"

"以前我曾经说过：在柴薪中的碳，可以在面包中出现，又说我们的确会吃可以变成柴薪中的东西。爱弥儿，这些话你还记得不记得？"

爱弥儿说道："记得，记得，你从前对我们说的时候，我只知其然，而不知其所以然，现在却非但知道其然，并且知其所以然了。一根柴在炉膛中燃烧的时候，其中的碳就跑出来和氧化合成为了碳酸气，散步在空气中。后来植物吸收了这种气体，当作食品，于是其中的碳就变成了给牛羊吃的草，这样我们就得到饭、面包、牛肉羊肉等一切食品了。不过，木柴中的碳在散入空气中以后，说不定依旧会回到木柴中来，再在炉膛中燃烧，也许这样的小循环经过了好几次，会变成我们人类需要的食品，这是没有人能够知道的。"

"是的，孩子，碳的来踪去迹，是无法追究的。不过就大体说来，同一的碳永远在从大气到植物，从植物到动物，从动物到大气，这样不息地循环着。大气是公共的机房，一切生物都从大气中得到造成各种生物的主要材料。气是这种材料的输送者。动物从可作食品的植物或别的动物中得到的碳，后来借氧气的帮助，把碳变成了碳酸气，放入空气中。植物从空气中得到这种不可呼吸的气体，它把其中的气，送还给空气，而留着碳以制造人或动物的食品。所以，动物界和植物界是在互相依靠的，前者制造碳酸气以饲后者，而后者制造新鲜的空气和滋养的食物以饲前者。"

裘尔斯听见这种奇异的物质变化，很感动地说："在你所讲的化学功课中，要算这一课最奇特。当你开头说你友人的三个瓶子使厨夫的鼻子变色，我还以为你在讲一个笑话，我决计不会想到这竟是一个又有趣又严肃的故事。"

"是的，孩子，我讲的的确是又有趣又严肃的故事，也许对于你们幼年的人是太严肃了。不过我觉得植物和动物间的那种协调的生活，是很美丽的，所以非使你们了解它不可。

"现在我们且撇开这严肃的说明，来做一个实验，我们要证明植物的确会驱逐出碳酸气中的氧, 最简单的方法是让这个操作在水底下进行, 因为这样可以使我们观察到氧的释放情形, 同时并设法捕集它, 通常的水常常含着少量的溶解着的碳酸气, 或得之于淤泥, 或得之于大气, 所以我们对于浸在水中的植物, 无须特别供给碳酸气。

"在容器中盛了通常的水, 再投入几片新摘下来的叶子, 最好是用水生植物的叶子, 因为这种叶子, 可以使实验完成得较快, 作用进行得较长久。然后用玻璃漏斗把叶子罩住, 漏斗柄上覆以盛水倒置的玻璃管或小玻璃瓶, 拿去晒在太阳光里。不久, 在叶子的表面, 就发生无数的细泡, 渐渐升入玻璃管底, 积成了一个气层, 这种气体由实验知道能使一支火柴复燃, 所以证明是氧。可见溶解在水中的碳酸气, 已经被叶子分解, 把气体驱逐了出来, 而把碳留在叶子里。

"试撇开实验室里特别设计的试验不论, 从实在的植物生活上也可以最简易的证明。我们试跑到屋后的池子边去, 就见有许多的蝌蚪生活在这静水中, 有的在水滩边晒太阳, 有的在深水中游泳。在这个池子里, 又有各种的软体动物, 各种的小鱼在觅食, 此外还有牡蛎、鳗等一切水生的动物。

"这许多小动物, 无论哪一种, 都呼吸着溶解在水中的氧。如果池子里缺乏这维持生命的气体，那么，这许多小动物就都会闷死。不仅是这样，此外更有一种极大的危险。在池底全是污浊的泥土，都是由腐败物质，如落叶、枯枝、动物的排泄物等一切垃圾积聚而成的。这些腐败的物质，时常在放出碳酸气。这种气体对于小动物，如鱼、虾等的呼吸，是和对于人类一样的。那么，池子里的碳酸气是怎样清除的呢? 水中的氧是怎样来的呢?

"这是因为水中有水生植物在担任卫生工作的缘故。它们吸着溶解在水中的碳酸气，受了太阳光的刺激把碳酸气中的氧释放了出来。腐败作用维持植物，植物维持动物，在滞水[1]中担任卫生工作的各种植物中，要算海藻最为努力，它是柔嫩的丝状植物，满生在水底石子上缠络成绒毛的形状。我们如果把这种植物放在一个盛水的瓶子里，曝在太阳光底下，不久就可以看见这植物的丝状物体的网眼嵌着无数的小气泡。这种气泡中的气体，便是从碳酸气中分解出来的氧，后来气泡越聚越多，终于把植物上浮到水面。

"此外又有一个试验，用不到什么特别的工具。从水生植物上摘下来一枝放在玻璃杯里，把玻璃杯曝在太阳光下，不久就看见这小小的制氧工厂已在开机工作了。当作用正在迅速地进行时，若把杯子移到阴处，就见气体的解放立即停止; 若把杯子移回到太阳光底下，就见气泡又继续发出，从此可以证明这奇特的作用必须借住太阳光的帮助。这是一个最简单，同时也是最明白的实验，我留着让你们自己去试验。

"从水生植物能在太阳光下制氧的这个事实，可以使你们明白水生植物在水中所完成的卫生工作，正如陆生植物在陆上净化大气的工作一样。一切生长在水中的绿色植物，受了太阳光的作用，都能放出含氧的气泡，这氧溶解在水中，就给水以新的生命。所以无论何种不流动的水，只要其中生着植物，就不致变污，而能维持生长在其中的各种动物的生命。

"从以上所说的话，你们得到一点也许于你们很有用的知识，你们不是

1.滞水: 在水道中不动的死水。(编者注)

常常在杯子里养金鱼吗？然而结果却总是失败。杯子里的水须天天换过，若有一天忘记，金鱼就立即死亡，这就是因为水中的氧已被金鱼用尽了的缘故。以后你们要养金鱼就必须在水中放上一些藻。植物和鱼都是互相帮助的，植物用氧供给动物，动物用碳酸气供给植物，所以就是在不清澈的水中，两者也都能生活。总之，你们如果要使你们的动物不死，就切不可忘记请它的同伴水生植物来陪伴它。"

第二十四章　硫

"硫黄是你们很熟悉的一种物质，无须我详细讲解。它的出产地大多都在火山附近，往往大块地埋藏在地下，有时是纯粹的，有时是不纯粹的。不纯粹的硫黄，还杂有泥土和石子，必须设法将其除去。

"硫黄在氧中燃烧，就会发出美丽的蓝色火焰；但同时还产生一种有异臭的气体，人呼吸了就要咳呛，这种气体叫作亚硫酐或者二氧化硫，它的水溶液叫作亚硫酸，关于这些，我们以前已经实验过、说明过了。在通常的空气中，硫黄燃烧的比较缓慢，火焰也比较暗淡，不过结果也会产生这二氧化硫气体。我们行进燃烧硫黄的地方或摩擦安全火柴时所闻到的使我们咳呛的气体，便是这二氧化硫。二氧化硫有什么用处呢？今天的功课就是要回答这一个问题。但是我们先得到园子里去采一些紫罗兰和蔷薇花来。"

紫罗兰和蔷薇花不久就采到了。保罗叔在一块砖上放了少些的硫，用火点着了，把一束紫罗兰打湿了放在火焰上边熏。湿的紫罗兰受了二氧化硫的作用，顷刻间褪色变白，那从蓝色变白色的过程可以很明白地看得出来，这不由得不引起爱弥儿的惊异。

爱弥儿注视着叔父的操作，高声地说："喔，多有趣啊！你看它们在烟雾中很快就变白了。有的起初是一半白,一半蓝,但是刹那间蓝色渐渐褪去,终至全体变成了白色。"

保罗叔继续说道:"现在让我们再用蔷薇花来做试验。"

说着,他又把一束蔷薇花打湿了放在燃硫的火焰上边,不久红色渐渐褪去,终至全体变成了白色。裘尔斯和爱弥儿觉得这个简单的实验非常有趣,很想自己动手来做。

保罗叔道:"够了。"一面把漂白了的紫罗兰和蔷薇花交给那两个孩子,让它们有空暇时自己去检视。"我们方才所做的实验,你们可以用别的花,尤其是红色的和蓝的花,照样去做。凡是有色的花,打湿了放在二氧化硫气体中,都会变成白色。从此可知:燃硫时所生的有蒜臭的气体,具有漂白的特性。

"这种特性的用途很多,甚至于可以应用到家庭中来,让我们用最简单的应用来说吧。这是一块棉布。我染一些樱桃汁在这块布上。现在我们要把这些污渍除去。这种污渍,用肥皂水来洗是无效的,只有放在燃硫时所发生的二氧化硫里,才能很快地将污渍完全除去。因为花和果汁中的颜色都是植物色质,它既然能够将各种花漂白,当然也能将樱桃汁漂白。我在布上有污渍的地方,撒了一些水,拿去放在燃着的硫黄上边。为了燃硫时所发生的二氧化硫能直接射在漂白的地方,我用一个纸漏斗倒覆在硫黄的上面作为烟囱,使漏斗的出口,准对污渍。歇了一会儿,那红色的染迹就褪成白色,正如紫罗兰和蔷薇花一样。现在我们只需把漂白的部分在清水里洗净,那污渍就不见了。凡是不易洗去的酒渍,以及被葡萄、樱桃、桃子等一切果子所污染的东西都可以用这个方法来漂白。

"让我们再来讲一种更奇妙的应用。凡是丝织品或毛织品,其天然色彩都不十分白净,若要使染色后显出鲜明的颜色,就得将原料预先漂白。此外,如制草帽的麦秆,制手套的皮革,在制造前也非加以漂白不可。要漂白丝、毛、麦秆、皮革等，就可用和漂白红花、蓝花等同样的方法。

　　"硫黄还有许多别的用途，其中有几种用途是会使你们觉得奇怪的。它能够灭火。是的，小友，硫黄自己虽然容易燃烧，但它的确能消灭火焰。"

　　裘尔斯反对道："硫黄是一种很好的燃料，在火上加添燃料怎么反会灭火呢？这个道理我不明白。"

　　"你立刻就会明白，要使燃烧继续，有两个必须的条件，一是燃料，一是空气，两者同样重要，缺一不可。试想一个面积很大的火，假使我们能够切断它的空气供给，它不是会很快地熄灭吗？又假使我们能够用一种不能燃烧的气体，如碳酸气或氮，去代替空气的供给，它不是会立刻停止燃烧吗？"

　　"我明白了。假使我们在一个火上倾注了一些纯粹的碳酸气或氮，那么，因了这种不可燃的气体笼罩着发火物质，把助燃的空气挤走，火焰就立即熄灭。不过要倾注碳酸气到火上去，却是一件不可能发生的事。"

　　"那么，也未必尽然，这工作在户外，固然不容易做，但是在某种地方，例如烟囱管里，却并没有什么困难。在那里火被围住，在狭小的孔道中，空气的入口只有上下两个地方，尤其是下方，在这样的状况下，要把不能燃烧的气体代替它的空气供给，是很简单的事。假使有一个烟囱着了火。要用最快、最简单的方法来熄灭这火，就非求助于硫黄不可。本来要灭火，凡是不助燃烧、不能自燃的气体都好用。只是这气体的生成必须又快又多，而且不需要任何设备。在这里，氮和碳酸气是不能适用的，因为它们生成时的作用很迟缓，而且需要特殊的设备。只有二氧化硫是适用这种用途的，因为我们只需撒一把硫黄在烟囱底下枪膛中的柴火上，大量的二氧化硫就立刻生成了，此外没有一种气体能生成像二氧化硫这样的容易、快速和兴奋。在枪膛中撒硫黄后，再将枪膛的开口用湿布遮住，则所生的二氧化硫都进入烟囱，把空气赶走，而完成它灭火的任务。"

　　爱弥儿道："硫能灭火，虽然是事实，可是骤然听了，总觉得有些奇怪，我从不曾想到过世界上竟有这样一件事。"

"这气体还有一种用途，也值得提出来讲一讲。它能够杀菌、杀虫，可用以消毒。举个例子来说，比如有一种小动物，叫作寄生虫，寄居在人体的各部分，寄居在体外的有蚤虱、臭虫等，寄居在体内的有蛔虫、绦虫等，种类极多。寄生虫有一种叫作疥虫的，能寄居在我们的皮屑中，在那里穿着小小的隧道，像鼹鼠在田野里打地洞一样。这个小隧道在皮屑表面看来是一种小疹，使人感到奇痒。这便是疥癣的起源。"

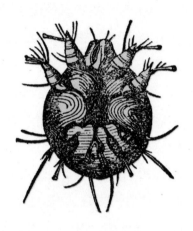

裘尔斯问道："你说疥癣是因皮屑中寄生着疥虫而起的吗？"

"是的，这种皮屑病极容易传染，一个不患疥癣的人，只要和一个患疥癣的人一接触就能染着。"

"那么，这种使人发痒的可怕的疥虫，形状是怎样的呢？"

"大小正像一点极小的微生物，非有敏锐的目力是不能看见的，它的身体呈圆形，正像一只小的乌龟。它有八条腿，两对在前，两对在后，腿上都生长尖硬的毛儿，它在行走时，伸着八条腿，但在休息时却把腿都蜷缩在拱形的身体下，恰好和乌龟把腿缩在甲壳里一样。它的嘴上长着尖的钩和细的刺，它用了这钩和刺，在皮屑中打着洞，养成长长的隧道，以便自由地往来，正像鼹鼠在泥土中一样。"

裘尔斯道："叔父，请你不要讲这种话吧！我给你讲的浑身痒起来了！"

"那么，这种寄生虫该怎样驱除呢？它潜伏在皮屑内，我们不能够看见它。要把它一个个捉去，那是不可能的事，一来因为它的身体太小，二来它的繁殖太快，往往成千上万地生产着，无法抓住。在这样的状况下，内服药显然是无效的。要医治这种病，只有一个方法，就是把皮屑中的疥虫完全杀死。但是它隐蔽的很好，我们怎样去杀死它呢？问题就在这里。我们知道，疥虫虽是一种微小的生物，但是它也要呼吸空气，所以我们用二氧化硫来充满在疥虫所潜伏的隧道中。这种蒸气消毒法若行得适当，使疥虫一次闻得大量的二氧化硫，就可将它们完全杀死，因为二氧化硫是一种极强烈的气体，就是我们在擦安全火柴时闻到了少量的气体，也已觉得非常难受了。

"二氧化硫是硫黄在通常状况下燃烧时所发生的唯一气体，关于这个事实，你们已经亲眼看过了。现在我要告诉你们，硫不但能造成二氧化硫，并且还能造成含氧更多的氧化物，叫作硫酐或三氧化硫。三氧化硫溶解在水中能化合成一种强酸，这就是我们制氢时所有的硫酸。通常我们将硫黄燃烧，无论供给多少分量的氧，所得的气体却总是二氧化硫。那么，这三氧化硫究竟是怎样造成的呢？化学家告诉我们：二氧化硫和氧本来就可以化合成三氧化硫，不过这个作用在通常状况下是不会发生的，必须将这种混合气体通过烧热的铂粉才行。像铂粉这一类物质，能促其他物质发生化学作用，而自己并不参与，这在化学上叫作触媒，触媒对于化学作用和减磨油对于机械一样，触媒能够使化学作用很快地进行，正如减磨油能够使机械很快地转动。我们以前用氯酸钾来制氧，不是加入一些二氧化锰，使氯酸钾很快地分解吗？这二氧化锰也是一种触媒。

"把上法所制成的三氧化硫导入水中，即成硫酸，这是制造硫酸的方法之一，叫作接触法。此外还有一个制造硫酸的方法，叫作铅室法。你们知道化合物中有许多含氧极多的物质，不过这种物质中所含的氧结合的并不牢固。有时候只需略微加热，就可以把其中的氧解放出来。所以氯酸钾放在炭火上，就能发生氧。有许多含氧物质，能将其中所含的一部分氧送给不含氧或含氧不多的物质。因此，若使硝酸和二氧化硫相作用，二氧化硫就会夺取硝酸中的氧而形成三氧化硫，三氧化硫遇水蒸气即成硫酸。烟囱中喷着黑烟的无数工厂，有许多都装置着巨大的炉灶，在从事制造这一切工业上所不可缺的硫酸。由燃烧含硫的黄铁矿而得来的二氧化硫，由硫酸与硝石作用而成的硝酸蒸气，以及由蒸发水而得来的水蒸气，一同被倒入像屋子一般的大铅室中，二氧化硫即夺去硝酸中的氧，和水蒸气化合而成硫酸。

"硫酸是一种油状液体，比水约重两倍。纯粹的硫酸是无色的，但通常都混有杂质，所以略带棕色。浓硫酸遇水能发生高热，我们制氢时所觉到的瓶子的热，有一部分就是这样发生出来的。现在让我们把这两个事实作一次试验来证明。

"在这个杯子里只盛着少许水，我小心地注入一些硫酸，并把它搅匀，这混合物就变得很暖。我们试把手摸到杯壁上去，就立刻可以觉得出来。硫酸对于水有极强的吸收力。下面的试验可以证明这个事实。在杯中盛浓硫酸少许，在空气中放置几天以后，见杯中的液体已增多了一倍。这种体质的增加，就由于硫酸从四周的大气中吸收了大量的氢氧。当然，硫酸吸收了水分以后，它的酸性就减弱了。所以要保持硫酸的强酸性，就须把它放在一个有密合的瓶塞的瓶子里。

"对于水的吸收力，造成了硫酸的一种最显著的性质。一切物质和植物大都是由碳和水（氢氧）化合而成的。如果任何动物质或植物质和浓硫酸相遇，便立即被夺取水分，只留碳素，和燃烧过一样。所以一切动物质和植物质受硫酸的作用，即被碳化，所谓碳化，意思就是说变成了碳。比如这一根火柴杆乃是一种植物质,我把它浸在浓硫酸里,等到过了几分钟去拿出来,就见这木杆已变成黑色,那就是被硫酸变成了碳或木炭。

"现在,我要做一个很有趣的试验。我在一小勺水里注了一滴硫酸。这液体看去虽然还像纯水,却已有极强的酸味,和柠檬汁一样。我要用这种无色的液体来代替墨水,因为毛笔和钢笔都要被硫酸所作用,所以我在用鹅毛管来做一支笔。我的纸是通常的白纸,无须特别预备。现在你们看着吧。"

保罗叔从爱弥儿的练习簿上撕下一张白纸,并用鹅毛管笔蘸了一些浓硫酸和水的混合液体,在纸上写了几个字,等到湿气干了以后,纸上还是一无所有,和用水来写的一样。

保罗叔把纸还给了那两个孩子说:"你们读得出,我用化学墨水写在这纸上的是些什么字?"

孩子们把纸接过来在太阳光中很仔细地检视着,翻来覆去,结果还是一无所见,连笔迹的所在也无法寻到。

爱弥儿道:"你的墨水并不黑,我连一点东西都看不见,要是当时我不亲自看你在写字,我一定要说这白纸并没有写过字。"

叔父道:"然而这几个不可见的字,我可以设法把他们展现出来。我只要把这张纸在火上一烘,你们就可见到这神奇的变化。"

果然像演魔术一样,那纸一放到火上,黑色的字就一个个在白纸上展现出来。有几个字显现得很快,有几个字先出现一半,后来随着纸的移动,渐渐的可以在白纸上读出完整的句子:"被硫酸所碳化。"

爱弥儿注视一个个展现出来的黑字,惊异地说:"奇怪! 奇怪! 请把你的魔术墨水给了我,叔父我要去给我的一个朋友看看。"

"你要,你就拿去吧。这些因为搀着多量的水,所以已没有什么危险了,就是沾在手上也不要紧了。现在我要解释这种无色墨水能写出黑字的理由。纸是植物质如破布、竹木、稻草等原料来制成的,所以其中含着碳、氢、氧,使之变成了它所喜欢的水，而只让碳素留存在纸上，于是纸上就显现出黑色的字迹。无色墨水写出黑色字的秘密就在这里。

"从这一个试验，我觉得足以使你们明白硫酸是怎样一种危险的物质，它能将一切植物变成木炭，它不但是一种猛烈的酸，简直可以说是一个猛烈的火。所以我们拿硫酸的时候，须要万分小心。衣服上沾着很小的一滴硫酸就会变出一个焦黄色的小点，最后被腐蚀成小孔，皮肤上沾着一滴硫酸，如果立刻用水洗去，原无大碍，如果久被侵蚀，就会引起剧痛，和火伤一样。"

"硫酸是一种极危险的物质，在工业上却有许多的用途。凡纺织场、皮革厂、造纸厂、以及玻璃肥皂、燃料等各种日用品的制造，无一不需用硫酸。我所谓需用硫酸，并不是说一尺布、一块肥皂或一张纸的组成中含有硫酸，我是说在制造这布、这肥皂和这纸的过程中，必须用到硫酸，硫酸是制造上的必需品，是一种最有力的工具，没有了硫酸，一切制造品都将无法完成。

"试以玻璃为例。玻璃是用溶解的砂和碳酸钠（又称碳酸苏打）来制成的。砂是天然产出的物质，它的供给不成问题，但是碳酸钠却要另行制造。碳酸钠是用硫酸钠造成的，而硫酸钠却又是由食盐受硫酸的作用而成。所以玻璃本身虽然并不含硫酸，但是没有了硫酸，则食盐中的钠就不能够跑到碳酸钠里去，没有了碳酸钠，玻璃就无由造成。制造肥皂需要硫酸和制造玻璃相同，肥皂的组成中也含有大量的钠。煤能点燃火炉，产生蒸气，转动机器；硫酸能参加种种重要的化学变化。这两者是现代制造工业上的两种最有力的因素。"

第二十五章　氯

"我们已经有好几次说到食盐了，我曾告诉过你们，这是由一种金属元素叫作钠，和一种非金属元素叫作氯所组成的，照化学的说法，食盐应该叫氯化钠。"

爱弥儿觉得钠这一种元素是已经听见过的，他好奇地问道："你是不是要给我们看一些钠，使我们知道它的性状呢？"

"不是，小友。钠在药房中虽然有得卖，可是它的价钱很贵，在我们这简陋的实验室里是买不起的。所以我们只能以叙述它的性状为满足，试想这样一种物质：它的光泽像铅的新切面，而它的硬度极低，能被手指压扁。它实在可以像蜡一般被模塑成种种形状。用一片钠来浮在水面上，就能着火，像一个火球似的在水面上不住地旋转。草灰中的钾，其性质也和钠相似，但更为猛烈。现在我们要明白这两种元素为什么遇到了水就会着火。

"水是由什么元素组成的呢？氧和氢。自从我们到铁店里去参观了以后，我们就知道铁能分解水，它夺取了水中的氧而把氢解放了出来。钠和钾以及其他几种物质，尤其是组成石灰的钙，也和铁一样，它们都能够分解水而夺取其中的氧，同时把氢解放出来，它们与水所起的作用，和铁一样，都能够分解水而夺取其中的氧，同时，把氢解放出来，它们与水所起的作用，比铁更为猛烈，而且无须加热。这种金属和氧化合的时候，发生很高的热，使水中解放出来的氢着火燃烧，这就是浮在水面的钠会像火球似地旋转的理由。等到火焰熄灭以后，这钠已完全和氧化合成为氧化钠而溶解在水中，不留丝毫的痕迹。但是那溶有氧化钠的水，却有着燃烧一般的滋味和碱水一般的臭气，并且它会将红色的石蕊试纸变成蓝色。

"我虽然不能把食盐中的钠拿出来给你们看，但是我至少可以给你们看组成食盐的一个元素。我可以给你们看氯，这是比钠更为重要的一种元素。要从食盐中制氯，可于放食盐和二氧化锰的混合物中注入硫酸，然后徐徐加热而得。

"这个实验所需的装置和制氧的装置一样。在我们的烧瓶里，我放入等量的食盐和二氧化锰，再注入一些硫酸，将它们均匀地搅和。然后我插好烧瓶瓶口的曲玻璃管，把烧瓶放在炭火上徐徐加热，不久就有气体的氯从混合物中产生。氯是一种比空气重的气体，所以我们可用捕集碳酸气的方法捕集它，那就是说，我们可把烧瓶瓶口的曲玻璃管，直接通到广口的集气瓶的底边，无须到水底下捕集它。

"从开始讲化学到现在，我们讲到的都是一些不可见的无色的气体，譬如空气、氮、氧、氢、碳酸气以及一氧化碳气等，都是眼睛所看不见的。你们若是因此就以为一切气体都是如此，那就大错而特错了。现在我们所讲的氯就是一种可见的黄绿色的气体，所以它的俗名叫作氯气。

"氯因为有这种淡淡的颜色，并且比空气重，所以我们能够看见它从集气瓶底挤开了空气，在那里慢慢地积聚起来。看这里！在这集气瓶底边的那种绿色的气体，就是我们所说的氯。在氯的上面那种不可见的无色气体，却是空气。且再等几分钟，这绿色的气体会升到瓶口，这样，集气瓶里就充满了氯。

　　绿色的气体充满了集气瓶以后，保罗叔就拿了一片玻璃来盖住瓶口。但是在瓶口未盖住以前，已经有少量的气体散逸在空气中，这也许是保罗叔特地要使它的侄子们知道氯是不适于呼吸的吧。爱弥儿就从这一次的试验，在脑筋里留着一个永不磨灭的关于氯的印象。他因为离集气瓶近，那时候鼻子里立刻闻到了一股难受的气味，接连地咳嗽着，于是我们这位浮躁的小爱弥儿而接连地拍着胸部，但咳嗽还是不止。

　　叔父道："不要怕，小友。你的咳嗽不久就会停止。这是因为你闻到了一些氯的缘故，你所闻到的氯，分量并不多，并且其中还混合着大量的空气，试喝下一杯冷开水去，那一定可以帮你把咽喉洗干净。"

　　爱弥儿喝了冷开水，咳嗽果然止住了，但是他经了这次的教训以后，从此，不敢贸然地走进盛氯的瓶子边去。

　　叔父道："现在你的咳嗽已经止住了。其实，闻着少量的稀薄的氯，并没有什么要紧，而且对于呼吸过含有腐败物质的污浊空气的人，也许反为有益。所可怕的是把纯粹的氯大量地吸入肺内。若是如此，则经几次的呼吸，就会致命。"

　　爱弥儿道："那一定是真的，我只吸到一次，就已咳个不止了。不过食盐竟是用这难闻的氯和这足以烧焦我们的嘴的钠来化合而成，却不能不算为奇事！幸亏这两种可怕的物质化合后改变了性质，否则我们绝不敢再用食盐来调味了。"

　　叔父接着说："而且幸亏氯和钠分离了以后，依旧恢复它的猛烈的性质，因为在某种工业上，氯是一种重要的原料。氯的主要用途是漂白。在这集气瓶里，我注入一些蓝黑色墨水，然后把瓶子震荡了一下，使氯和蓝墨水相作用，不久就见这深黑色的墨水已渐渐转成灰黄色，看去像是浑浊的水。这就是因为氯已将墨水的深黑色破坏了。

　　"还有一个实验，一定使你们觉得更为有趣。这一张纸是从一本练习簿上扯下来的,上面写着许多用通常的蓝黑色墨水所写的字。我把纸用水打湿了——这纸必须打湿,这个理由且待以后再讲——放在第二个集气瓶里,不久就见这纸上的字迹渐褪,终至变得和白纸一样。我把那张纸从瓶中取出,让你们仔细去检视,看能不能认出原来的字迹。"

孩子们接过纸来仔细检视,并不能看出任何字迹,正像没有用过的白纸一样,只有几处钢笔的痕迹,尚能依稀地辨认。

裘尔斯道:"所写的文字完全消失了,那张纸像新的一样。上一次说过二氧化硫能将蓝色花漂白,它也能漂白蓝墨水吗?"

"不能,二氧化硫是一种很弱的漂白剂,没有这样的能力。氯的漂白力比二氧化硫大得多,因此它在工业上有重要的用途。不过,有几种染料氯也不能漂白,下面的实验就可以证明这个事实。我在没有用的旧报纸上撕下一张纸,再用蓝墨水在纸上写几个字,待字迹干后,把这张纸打湿放在盛氯的瓶里,就见我所写的字像魔术似的消失了,但同时那纸上印刷着的字,还是呈深黑色,并且因为纸的别的部分已漂白,所以更显得清楚,简直和新印出来的一样。"

裘尔斯问道:"氯能漂白手写的字而不能漂白印刷的字,这是什么道理呢?"

"这就因为所用的墨是用不同的原料来制成的。印刷用的油墨的原料是油烟(或称煤炱)和蓖麻子油。油烟是燃烧油类时所发生的煤炱,是碳的一种变形,极难氧化(即和氧相化合)。氯所以有漂白作用,是因为它先夺取水分中的氢——这就是必须将漂白的物品先行打湿的理由——而使放出的氧和颜料化合成一种无色的化合物的缘故。油烟因为极难氧化,所以和氧不发生作用,而仍为油烟,因此得以保存它的黑色。钢笔用的墨水却和油烟不同,它有好几种成分,通常是用硫酸亚铁和没食子[1]来制成的。没食子能够

1.没食子:中药名。为没食子蜂科昆虫没食子蜂的幼虫寄生于壳斗科植物没食子树幼枝上所产生的虫瘿。(编者注)

被氧所氧化，变成无色的化合物，所以它的颜色消失。

"造纸和纺织工业都用氯作为漂白剂。我们能够写洁白的纸，穿洁白的布所制成的衣服，都是氯的功劳。但是要制氯必须用食盐为原料，用硫酸做工具。从这一个事实，更可以证明上一次所说的硫酸在工业上的重要。

"苎麻和大麻等都略带红色，要除去这种颜色，须经多次洗涤，所以粗制的麻布愈用愈白。从前，大都利用太阳光来漂白麻布，即把麻布平铺在草地上，日间受太阳光的照射，夜间受雨露的浸润，一两礼拜后就能渐渐褪色。

"不过这样的漂白法，非常迟缓，既需很多的时日，又需广大的土地，所费的代价很大。所以近代工业上漂白棉麻等织物，是用比太阳、雨露等更有效力的漂白剂，这种漂白剂便是氯，氯对于蓝墨水等的作用之快，你们都已见过了。这气体既然能够很快地漂白像蓝墨水那样的深黑色，那么，叫它去漂白像棉麻织物等的浅红色，当然是很容易的。"

裴尔斯说道："那么，毛织品和丝织品当然也可以用氯来漂白，这比用二氧化硫来漂白要快多了。"

叔父道："这却不能，因为氯的作用很猛烈，简直可以让毛或丝烂得像泥浆一样。"

"那么，棉和麻为什么不会被氯所糜烂呢？"

"这是因为它们对于氯的作用，有不同的抵抗力的缘故。试想，棉麻等织品，坚固牢实，要比毛丝等织品耐用得多，它可以经过多次肥皂水的洗涤——其中还包括摩擦、锤击、日晒、风吹、雨打等，而不会破损。制造棉麻等织品的原料乃是一种化合物，叫作植物性纤维，制造毛丝等织品的原料乃是另一种化合物，叫作动物性纤维，两者的化学性质是截然不同的。氯只能使植物性纤维所附着的色质变为无色物质，而不能破坏植物性纤维的本身。但是它对于动物性纤维，却非但能改变附着在这上面的色质，而且还能破坏动物性纤维的本身。

"许多工厂都利用氯来做漂白剂。为了应用的便利起见，它们都把氯藏在石灰里边，因为石灰有吸收巨量的氯的性质。这样制成的化合物，是一种白色的粉末，和石灰一样，有一种强烈的带刺激性的臭气。它的名字叫作氯化石灰，工业上称为漂白粉，是一种贮氯的机栈房。

"现在我必须把氯在造纸工业上的用途告诉你们。我们在写字的时候，绝不会想到我们所用的白纸是经过怎样的操作而制成的。在几千年以前，巴比伦和尼微的亚述人，用尖笔在未干燥的土版上写字，然后放在窖中焙干，使所写的文字不易磨灭。如果有人要送信给他的朋友，就得写一块笨重的土版来送去。"

爱弥儿道："现在的邮差一次须送几十封信，要是所有的信都是这样地笨重，简直会被信件压得连路都走不动了。"

叔父接着又说道："他们如果要写一部书来给以后的人读，例如关于当时重要事变的历史，那么，这一部书就可把整个图书馆的书架统统塞满，每一块土版代表全书的一面。若是用现在印刷的书来写成这样的书，所需的土版简直可以造成一间屋子。从此可知，在远古的时代，因了书籍的笨重，就是在极大的图书馆也藏不了多少书。这种土版曾有很少的残片流传下来，是有人在尼尼微和巴比伦的遗址上掘得的，而且这种残片上的文字的意义，也已被人阐明而翻译出来了。

"此后许久，在东方的同一区域，又有了一个写字的方法。用一根苇秆削尖了当笔，用煤烟和醋来调匀了当墨水，用在太阳光里晒白了的羊骨来当纸。一部书或一篇文章，是由许多羊骨用绳子串起来的。

"在古代的欧洲，尤其是希腊和罗马，文化极发达，它们常用涂着薄层的蜡的木板，和一端尖锐一端扁平的刻笔来做写字的工具。那刻笔的尖的一端是用来在蜡上刻字的，那扁平的一端是用来拭去错字和刮平新熔的蜡面的。

　　"在古代各民族中，以埃及人发明的草纸最近于近代所用的纸。当时尼罗河的两岸，盛产着一种苇草，英文名 papyrus，苇草的秆外有一层白色的很薄的皮，可以一条条剥下来。把这种长条的草皮在河水中浸透，然后一条条并排地排列起来，再在这上面横列同样的一层草皮，压平后用棒子、锤子打结实了，就成为一张可用以写字的草纸。在这里所用的笔也是削尖的苇秆，所用的墨水也是用煤烟制成的液体。英人现在称纸为"paper"，这"paper"一词就是从 "papyrus"一字转变而成的。

　　"草纸并不切成小小的有四角的方形，像近代所用的纸的样子，而是依着文字的多少以定纸的长短。所以一本草纸的书，只有一张长条的纸，为了揣带的便利计，被卷在一条木轴上。我们现在读一本书，是一页一页翻开来看的，而每一页都有两面写着字。古人读书却和我们现在不同，他们是把那卷纸慢慢地展开来看的，而且每卷纸都写一面。

　　"真真的纸的发明是归功于中国人。中国是一个文化的先进国，就现在所能找得到的最早的文字是刻在龟甲和牛骨上的，叫作甲骨文，近年来在河南安阳的殷墟中出土的很多，推其时代当在公元一千数百年以前。周期的文字都写在竹片上，或用刀刻，或用漆书，每片用牛皮或丝绳联结在一处，叫作简。到了汉朝，开始用缣帛来作书，卷在木轴上，叫作卷。公元一百年以前，即东汉时，湖南人蔡伦首先发明造纸的方法，那是用树皮、麻和破布等做原料的。九世纪时，阿拉伯人从中国学到造纸的方法，但是欧洲人知道造纸，却已在十三世纪了。约在公元一三四零年，法国建立了第一个造纸的工厂。现在你们所见到的洁白的纸，都是用木、竹、棉、麻或者破布来造成的。现在的造纸方法是这样的，先将原料切细，然后加入适当的药品，一同煮沸，使其中的无用物质一律溶去，次用水洗涤，再放入装有回旋刀片的槽中切成粉末，即得灰色的浆状物质，叫作纸浆。在用纸浆造纸以前，须先将纸浆漂白，这里所用的漂白剂，就是我们上面所说的含有大量的氯的漂白粉。

"然而要使造成的纸适于书写和印刷，必须使纸质不易渗透。要达到这一个目的，可在纸浆中加入树胶和淀粉等物，则造成的纸就光洁密致，不易渗透。这操作叫作上胶。纸浆经过漂白和上胶后，就可进行最后一步操作。那就是把纸浆悬浮在水中，使之经过一层细金属网，则纸浆中较粗的颗粒都留在网上，较细的颗粒都通过网眼。另一个在滚轴上转动的更细的金属网，承受了第一个网上落下来的纸浆，滤去水分，变成一层纸质的薄膜。这薄膜，也就是未干燥的纸，被转动的金属网送到一块很阔的毛布上，吸取一部分余剩的水分，又由这些毛布带到几个相连的圆筒上，这种圆筒的中央是空的，可用水蒸气加热，使筒外的纸质逐渐干燥硬固。这已经干燥了的纸，此后又经过另一种圆筒，将纸面加压磨光，即得无限长的一条很阔的纸。从槽中的纸浆到造成长条的纸，只消几分钟的时间。在这个操作终了后，若把卷在最后圆筒上的长条的纸切成相当的大小，便可用以供种种的用途。

"所以此后你们在读书或写字的时候，就该记住：这纸之所以能变为白色，全是从食盐中制成的氯的力量。"

第二十六章　氮的化合物

　　"今天的讲题是氮的化合物。氮的主要化合物是硝酸，所以我们先要来谈谈硝酸的制法。普通的酸，大都是先使非金属氧化或燃烧而成酐，然后再使酐和水相作用而得。但是要用这个方法来制造硝酸却不很容易，因为氮是一种不活泼的气体，在平常状况下，它是绝对不能和其他元素相化合的。这个事实，我们可以从日常生活中找到很显明的证据。炉中生火，燃料中就不息地有流动的空气，即氮和氧的混合物通过，燃料所发生的热，虽然温度很高，但是这氮并不能燃烧而和它的同伴氧相化合，它进去的时候是氮，出来的时候依旧是氮。要使氮和氧直接化合，而制成硝酸，虽非不可能的事，但是这需要很复杂的设备，在我们这简陋的实验室中，是无法照行的。现在我们要制造硝酸，只有利用含有氮氧的天然物质。

　　"在潮湿的墙壁上，我们常常可以看见一种白色的粉状物质。关于这种粉状物质，我们以前曾经说起过。裘尔斯告诉过我们，若是用鸡毛把这种粉状物质从墙壁上刷下来撒在炭火上，就立即产生很明亮的火焰。它的俗名叫作硝石，在化学上叫作硝酸钾，是表示用硝酸和氧化钾来制成的。硝酸钾除含有氮和钾两种元素外，又含有大量的氧，所以把它撒在炭火上就能分解而放出氧，使木炭起猛烈地燃烧。在我们这实验室里，最适于制造硝酸的原料，便是这硝酸钾。

"由硝酸钾制造硝酸的方法，是非常简单的，这只要用一种强酸来和硝酸钾相作用，使硝酸钾中的钾和酸中的氢互相易位即得。在这里所需用的最适当的酸，便是硫酸。现在我们试把浓硫酸注入硝酸钾中加热起来，就见有硝酸气体大量地逸出，集这种气体在冷却器中冷却后，就凝缩而成液体的硝酸。

"硝酸是一种极猛烈的物质，所以有人称它为'锧水'，这个'锧'字就表示它有侵蚀金属的力量。皮肤上沾着了一点硝酸，立刻会被燃烧成焦黄色，而留着不可磨灭的疤痕，又把硝酸装在一个有软木塞的瓶子里，这软木塞就会烂成黄色的木浆。

"硝酸是贮氧的栈房，极容易把所藏的氧解放出来。所以硝酸遇到了别的物质，大都能将它燃烧或腐蚀。这所谓燃烧，并不一定要发生火焰的，这只是说硝酸中的氧和另一物质发生高热而互相化合罢了。

"现在让我们来举一个硝酸腐蚀金属的实例吧。我注一些硝酸在铁屑中，那混合物立刻就发出一种棕红色的浓烟，和一种可以听得见的声音，同时它的温度也升高了。在几分钟以后，这铁屑已完全燃尽，只剩下了一些铁锈。我再用这包在可可糖外的锡箔来试验，也同样可以看见这棕红色的浓烟，听得这微弱的声音，和觉到这温度的增高。这锡箔已变成白色的糊状物了。这白色的物质乃是燃后的锡，也就是锡的锈，锡的氧化物。如果我再用铜来实验，其结果也和上面的实验一样，不过所生的铜锈在生成的时候就溶解在酸里，成为绿色的液体。但有些金属并不受硝酸所腐蚀，永不会生锈的金便是这样的一种金属。这是一张烫金用的金箔，我把这金箔放在浓硝酸里，并不见有什么变化。它照旧保存着灿烂的光泽，而且永远地保存着，即使把硝酸加热到沸点，也毫不发生作用。所以用了硝酸，我们可以鉴别外表相似的黄金和铜。黄金遇硝酸毫无变化，铜遇硝酸立即会被腐蚀而发出棕红色的气体。

"印刷上的照相制版术，就利用硝酸的这一种性质。譬如我们要制一块照相铜版，其间可以分为五步操作：第一，在铜版的表面均匀地涂上一层感光膜；这感光膜是用鱼胶和重铬酸盐来制成的，受了光的作用，能一变其可溶于水的性质而为不可溶性。第二，用特制的照相阴画来覆在这铜版的感光而上，然后放在太阳光或电灯光上曝晒，则光线即进入阴画中的透明部分，而作用于胶膜，使其变成不可溶性的物质。第三，将此曝光后的铜版浸在冷水中洗涤，则铜版上未受光的胶膜完全溶去，而残留显明的胶质阴画。第四，将铜版烘热，使胶质完全硬化，而有耐酸性。第五，将此覆盖着耐酸性的胶质阴画的铜版和稀硝酸相作用，则铜版上没有胶质遮蔽的部分，就被硝酸所腐蚀而凹陷下去，等到铜版的表面被腐蚀到相当的深浅的时候，便把硝酸洗去，即见那照相已完全呈现在铜版上了。

"关于硝酸已讲得够了。现在我们把方才所说的化合物叫作硝石或硝酸钾的来说一说。硝石的主要用途是制造火药。火药是由相当分量的硫黄、木炭和硝石三者混合而成。硫黄和木炭都是很好的可燃物质，硝石中含着大量的氧，是很好的助燃物质。因此火药着火以后，硝石就分解而放出氧、硫黄和木炭就和这氧化合而突然变成气体。这样产生出来的气体的分量是很多的。如果让这气体自由地扩散开来，那么，它的容积要比火药原来的容积大一百五十倍。如果把这气体关闭在很小的弹壳里，那么，它就会猛烈地推开弹壁，砰然爆炸，这正如一根绞足的发条有极强的反弹力一样。

"现在我们必须说一说另一种有用的氮的化合物，尤其是对于农业。在这个瓶子里，是一种像水一般的液体。然而我劝你们不要把这个开盖的瓶子拿到鼻子边去嗅，因为这气体的刺激太强，嗅了会觉得异常难过，你们试把这瓶塞拿去嗅一嗅，就可以相信我的话。"

爱弥儿自从经验了氯的臭味以后，对于一切气体的臭味已非常留心了。他谨慎地嗅了嗅瓶塞，不禁大声地叫道："哎呀，好厉害！它钻到你鼻子里去，使你觉得像被无数的尖针所刺。"说着，他擦了擦流泪的眼，虽然他不觉得有丝毫哭的倾向。他把瓶塞递给裴尔斯，裴尔斯立即从他的臭味认识了这液体。

他说："咦，这一定是阿摩尼亚水。我曾经看见过洗染店里用这种液体来涤除衣服上的污迹。这液体能发出一种极难闻的臭气，我一嗅就嗅得出来。而且爱弥儿嗅了它会流泪，这更足以证明它是阿摩尼亚水。因为我第一次嗅到它时，也曾被这种臭气刺激得眼泪直流。"

叔父道："你说得不错，这瓶子里的液体正是阿摩尼亚水，在化学上叫作氨水。因为它能和汗垢化合而成可溶性的物质，所以可用它来涤除衣服上的污迹。用小刷子蘸了一些氨水，刷在衣服上有污迹的地方，然后入水冲洗，就能把污迹除去。这就是你所看见的除去污迹的方法。

"这液体的成分是水和溶解在水里的大量的气体，叫阿摩尼亚——在化学上叫作氨。"

裴尔斯问道："氨水和氨是不同的物质吗？"

"是的，它们并不是同一物质。氨是无色的不可见的气体，有强烈的臭味，能刺激人的鼻黏膜而使人流泪。氨水即是水和氨气的化合物，由巨量的氨气溶解在水中而成。我这个瓶子里的液体便是含有巨量的氨气的水溶液。我说巨量，是因为氨气极易溶解在水中，在寻常的温度，一升的水中约能溶解八百升，所以在氨气的大栈房氨水中，时常有氨气逸出，我们嗅了氨水而流泪，便是因为这个缘故。如果我们将氨水加热，那么，逸出的氨气就更多，而它的臭味就更厉害了。"

爱弥儿道："那将使我们大家都泪流满面，即使我们心里都想笑。氯会使我们咳嗽，氨会使我们饮泣。它们各有各的本领。"

　　叔父同意地说："对啊。氨气有异臭，又能使我们的眼睛酸痛流泪，所以从这两种性质，我们很容易辨别出这气体化合物的存在。

　　"在实验室里制造氨气，可用一种白色的结晶体叫作硇砂——在化学上叫作氯化铵——和潮解了的石灰粉末混合后加热而得。这个操作所需的装置，和制氯的装置相似，不过减少了烧瓶上所插的玻璃漏斗罢了。因为氨比空气轻，所以可用倒覆着的空瓶在空气中捕集它。又如把这氨气通入水中，即成氨水。

　　"氨气是由氮和氢组成的。所以近年来工业上都利用空气中的氮，使和氢直接化合而成，这方法叫作合成法，费用既省，产量又多。这使农业上得到很大的助力。因为在你们，氨气只是一种去除污迹的药品。而在农夫，却把它当作宝物，因为它可以制成种种有价值的肥料，它直接影响到丰歉，间接影响到我们每天的食粮。一切的生物，无论是植物或动物，都含有氮。当它们死亡的时候，就被腐败作用把所有的元素都归还给自然。它们的碳被变成了碳酸气，它们的氢被变成了水分，它们的氮被变成了氨。但是这种由腐败生成的物质，此后又被植物所吸收，碳酸气供给碳，水供给氢，氨供给氮，至于氧是各处都有。从植物中所含的四种元素，造成了我们的面包，我们的蔬菜，和我们的果子。动物把这种从植物中得来的食品改变了形式，就成为肉、乳、毛、皮，或其他种种有用的物质。总之，氮要进入动物体中，必须先经过植物，要进入植物中，必须先变成氨。因此我们可以明白：含有大量的氨的粪便，在农业上是一种很宝贵的肥料。近来市场上所风行的硫酸铵肥田粉，便是一种含有氨气的物质。

　　"关于氨水，即氨的水溶液，我还要补说一下。氨水是无色的，有着异臭的液体。它的滋味很涩，和石灰及草灰水的溶液一样，而且它也能将为酸所变红的石蕊试纸变成蓝色。我们曾经看见过石灰水能将紫罗兰和其他蓝色的花变成绿色，氨水能把它们变成绿色。

"氨气的用途很多。我们上面曾经说起过它能除去衣服上的污迹，但是它还能作用于我们衣服上的色质，使之变淡。所以用氨水去污，只能适用于深黑色的和不容易褪色的质料。在这里我们还要告诉你们几句话，这知识对于你们一定有用得到的一天。在做化学试验的时候，往往有酸类的液体溅到衣服上，把深黑色的衣服沾上一个红色的点子。在这种时候，若是立即滴上一点氨水在这红色的污迹上，既能把污迹除去，同时，也恢复了它本来的颜色。"

"氨水又能抵消蝎、黄蜂、蜜蜂等虫豸的毒刺所蜇的效应，甚至能减弱毒蛇所咬的严重的结果。当被蜇时若能迅速地在伤口上涂以氨水，往往能预先制止毒素的作用。

"氨气中含有丰富的氮，而且在各种盐类中都有存在，所以是一切植物最主要的食品。从前，农作物施肥，大都用粪便，因为粪便腐败后，能放出大量的氨气。到了近来，人造肥料的研究，已经一天天进步了，在这种人造肥料中，除了含有氨气以外，还含有硫酸钾和磷酸钙等成分，因为钾、磷、钙等诸元素，在植物的生长上也是必不可缺的成分。"

元素周期表
Periodic Table of the Elements

图例：原子序数-1 | 元素符号 | H 氢 1.008 | 元素中文名称（注*的是人造元素）| 相对原子质量（加括号的数据为该元素半衰期最长同位素的质量数）

族→	1	2	3	4	5	6	7	8	9	10	11	12	13	14	15	16	17	18
1	1 H 氢 1.008																	2 He 氦 4.003
2	3 Li 锂 6.941	4 Be 铍 9.012											5 B 硼 10.81	6 C 碳 12.01	7 N 氮 14.01	8 O 氧 16.00	9 F 氟 19.00	10 Ne 氖 20.18
3	11 Na 钠 22.99	12 Mg 镁 24.31											13 Al 铝 26.98	14 Si 硅 28.09	15 P 磷 30.97	16 S 硫 32.06	17 Cl 氯 35.45	18 Ar 氩 39.95
4	19 K 钾 39.10	20 Ca 钙 40.08	21 Sc 钪 44.96	22 Ti 钛 47.87	23 V 钒 50.94	24 Cr 铬 52.00	25 Mn 锰 54.94	26 Fe 铁 55.85	27 Co 钴 58.93	28 Ni 镍 58.69	29 Cu 铜 63.55	30 Zn 锌 65.38	31 Ga 镓 69.72	32 Ge 锗 72.63	33 As 砷 74.92	34 Se 硒 78.96	35 Br 溴 79.90	36 Kr 氪 83.80
5	37 Rb 铷 85.47	38 Sr 锶 87.62	39 Y 钇 88.91	40 Zr 锆 91.22	41 Nb 铌 92.91	42 Mo 钼 95.96	43 Tc 锝 [98]	44 Ru 钌 101.1	45 Rh 铑 102.9	46 Pd 钯 106.4	47 Ag 银 107.9	48 Cd 镉 112.4	49 In 铟 114.8	50 Sn 锡 118.7	51 Sb 锑 121.8	52 Te 碲 127.6	53 I 碘 126.9	54 Xe 氙 131.3
6	55 Cs 铯 132.9	56 Ba 钡 137.3	57-71 La-Lu 镧系	72 Hf 铪 178.5	73 Ta 钽 190.9	74 W 钨 183.8	75 Re 铼 186.2	76 Os 锇 190.2	77 Ir 铱 192.2	78 Pt 铂 195.1	79 Au 金 197.0	80 Hg 汞 200.6	81 Tl 铊 204.4	82 Pb 铅 207.2	83 Bi 铋 209.0	84 Po 钋 [209]	85 At 砹 [210]	86 Rn 氡 [222]
7	87 Fr 钫 [223]	88 Ra 镭 [226]	89-103 Ac-Lr 锕系	104 Rf 𬬻* [265]	105 Db 𬭊* [268]	106 Sg 𬭳* [271]	107 Bh 𬭛* [270]	108 Hs 𬭶* [277]	109 Mt 鿏* [276]	110 Ds 𫟼* [281]	111 Rg 𬬭* [280]	112 Cn 鿔* [285]	113 Nh 鿭* [284]	114 Fl 𫓧* [289]	115 Mc 镆* [288]	116 Lv 𫟷* [293]	117 Ts 础* [294]	118 Og 𬖭* [294]

镧系：

57 La 镧 138.9	58 Ce 铈 140.1	59 Pr 镨 140.9	60 Nd 钕 144.2	61 Pm 钷* [145]	62 Sm 钐 150.4	63 Eu 铕 152.0	64 Gd 钆 157.3	65 Tb 铽 158.9	66 Dy 镝 162.5	67 Ho 钬 164.9	68 Er 铒 167.3	69 Tm 铥 168.9	70 Yb 镱 173.1	71 Lu 镥 175.0

锕系：

89 Ac 锕 [227]	90 Th 钍 232.0	91 Pa 镤 231.0	92 U 铀 238.0	93 Np 镎 [237]	94 Pu 钚 [244]	95 Am 镅* [243]	96 Cm 锔* [247]	97 Bk 锫* [247]	98 Cf 锎* [251]	99 Es 锿* [252]	100 Fm 镄* [257]	101 Md 钔* [258]	102 No 锘* [259]	103 Lr 铹* [262]

图书在版编目（CIP）数据

化学奇谈 / （法）法布尔著；顾均正译 . -- 北京：团结出版社，2020.7

（给孩子的化学三书）

ISBN 978-7-5126-7943-6

Ⅰ.①化… Ⅱ.①法… ②顾… Ⅲ.①化学—青少年

读物 Ⅳ.① O6-49

中国版本图书馆 CIP 数据核字（2020）第 096778 号

出版：团结出版社

（北京市东城区东皇城根南街84号 邮编：100006）

电话：（010）65228880　65244790　（传真）

网址：www.tjpress.com

Email：zb65244790@vip.163.com

经销：全国新华书店

印刷：北京天宇万达印刷有限公司

开本：170×230　1/16

印张：35

字数：485 千字

版次：2020 年 8 月 第 1 版

印次：2021 年 6 月 第 2 次印刷

书号：978-7-5126-7943-6

定价：118.00 元（全 3 册）